U0623477

Algal Community Structure and Control
in the Shaanxi Section of the Yellow River Basin

黄河流域陕西段
藻类种群结构与控制

张海涵

李 明

马 奔 著

化学工业出版社

·北京·

内容简介

《黄河流域陕西段藻类种群结构与控制》系统全面地阐述了黄河流域陕西段河流及城市湖泊藻类种群结构及其控制的相关原理、研究进展及相关技术应用的启示；归纳了藻类暴发的危害及控制技术；解析了黄河流域陕西段相关河流及城市湖泊的藻类种群结构，并结合水质、环境因子解析了其暴发机制；介绍了物理化学及生物法对藻类控制的机制及藻细胞的相应应激机制。

本书可供环境工程、环境科学、给排水科学与工程、环境生态工程、微生物生态学和修复生态学等相关专业的研究人员参考阅读。

图书在版编目（CIP）数据

黄河流域陕西段藻类种群结构与控制 / 张海涵，李明，马奔著. -- 北京：化学工业出版社，2025. 4.
ISBN 978-7-122-47644-9

Ⅰ.Q949.2

中国国家版本馆 CIP 数据核字第 2025K2G989 号

责任编辑：刘丽菲　　　　　　　　文字编辑：白华霞
责任校对：李　爽　　　　　　　　装帧设计：张　辉

出版发行：化学工业出版社
　　　　　（北京市东城区青年湖南街 13 号　邮政编码 100011）
印　　　装：大厂回族自治县聚鑫印刷有限责任公司
710mm×1000mm　1/16　印张 12　字数 206 千字
2025 年 8 月北京第 1 版第 1 次印刷

购书咨询：010-64518888　　　　　售后服务：010-64518899
网　　址：http://www.cip.com.cn
凡购买本书，如有缺损质量问题，本社销售中心负责调换。

定　　价：79.00 元　　　　　　　　版权所有　违者必究

前　言

　　随着经济的不断发展和工业化进程的加快，大量含有氮、磷、碳养分的废水排入湖泊水体中，加速了全球湖泊水体富营养化，引发了藻类水华。水华发生时，藻类的过度繁殖会造成其他水生生物缺氧死亡，形成包括有机物质在内的次级代谢产物，使得水体散发不同程度的臭味。此外，部分水华优势藻在代谢过程中或藻体破裂后向水体中释放大量藻毒素。藻毒素对人类和动物有极大危害。因此，如何有效控制引起水华的优势藻类过度繁殖是藻类水华治理的首要任务。

　　浮游藻类作为水环境中的初级生产者，在生物地球化学循环中起着关键作用，一般在表层水体中生长繁殖。藻类与地表水环境生态系统安全和生物多样性密切相关。浮游藻类群落在一定程度上也能够反映水环境质量和水生态系统的稳定性。作为食物链的起始生物，浮游藻类可以把光能转化为生物质，形成水生环境中食物网的基础，同时储存无机营养物质和二氧化碳。因此，明确浮游藻类群落组成的时空变化及其与环境因子的关系，对于实现水环境科学管理有着重要的参考价值。

　　对于环境类相关专业学子而言，全面系统性地学习藻类在水体中的存在状况及其控制技术措施，将有助于加深对其他专业知识的理解，有助于建构成熟的环境学科知识理论体系，并为将来从事环境领域相关研究与工作奠定扎实的理论基础。对于环境科学与工程领域研究人员而言，学习环境微生物生态学知识可助力污染治理、生态修复、资源保护与可持续发展等领域相关研究。

　　本书在全面系统阐述浮游藻类暴发的危害、种群结构的研究现状及有害藻类控制技术的基础上，提供了大量的应用和研究案例（黄河流域陕西段湖泊藻类种群结构、秦岭南北麓典型水体中藻类种群结构、过氧化氢对藻类的控制及硫酸铜对藻类的控制），重点分析了不同类型水体生态系统中浮游藻类代谢功能、增殖特性、群落构成及协同作用机制等。本书可加深读者对藻类在地表水体中存在状态及控制技术的理解，可为从事相关领域学习研究工作的读者提供参考，还可为水处理技术及水生态环境保护工程发展提供翔实的理论依据和典型案例分析。

本书编写时得到了许多老师和同学的帮助和支持；西安建筑科技大学的多届本科生和研究生为本书的编写提出了积极建议，在资料收集、加工等方面给予了诸多帮助，在此一并表示感谢。

由于著者学识水平有限，尽管在编写过程中尽力保持准确和全面，但书中难免存在不足和疏漏之处。在此，恳请广大读者批评指正。希望本书能对从事藻类研究的同仁们有所帮助，并为相关领域的研究提供一些有价值的参考。本书中部分图稿的表述有彩色的描述，相关图稿请发邮件至 maben1022@xauat.edu.cn 获取。

著者

2024 年 12 月

目 录

第3章　**秦岭南北麓典型水体中藻类种群结构** 　64

第1章
绪 论

1.1　研究背景及意义

随着我国城镇化的发展，工农业废水中大量氮、磷等生物所需的营养物质进入城市中封闭或半封闭的水体中，使水体富营养化严重，引发藻类水华。水华发生时，过度繁殖的藻类会造成其他水生生物缺氧死亡，形成包括有机物质在内的次级代谢产物，使得水体散发不同程度的臭味。此外，部分水华优势藻在代谢过程中或藻体破裂后向水体中释放大量藻毒素。而藻毒素对人类和动物有极大危害。因此，如何有效控制引起水华的优势藻类过度繁殖是藻类水华治理的首要任务。

1.1.1　湖泊富营养化

随着经济的不断发展和工业化进程的加快，大量含有氮、磷、碳养分的废水排入湖泊水体中，加速了全球湖泊水体富营养化。富营养化已成为当前地表水面临的最具挑战性的环境问题之一。富营养化是一个类似于老化的生态过程，在这个过程中，水体中水生植物的必需营养素越来越丰富，导致初级生产力提高，即水生生态系统光合速率提高。过量的氮（N）和磷（P）是加速水生生态系统富营养化过程的关键因素。当湖泊或河流中的氮、磷等营养物达到一定水平时，藻类的生长和繁殖往往会加速，藻类的数量可能会急剧增加，从而导致藻类水华。藻类水华通常发生在营养物质含量高、温暖且阳光充足的环境中，因此湖泊最容易发生水华。

1.1.2 水华的危害

有害水华除了可以通过饮用水等各种途径对人类和动物的健康产生直接的负面影响外，还可能对附近居民的日常生活造成困扰。由于城市湖泊通常较浅，自净能力较差，很容易通过营养富集而引起水质变化，形成有害水华。当湖泊发生水华现象时，水体表层聚集了大量的藻类，水体的透明度降低，阻挡阳光直射到下层水体，从而导致下层水体的藻类及水生植物无法进行光合作用而死亡，下层的微生物会将其分解利用并消耗大量的溶解氧，导致水体形成缺氧的环境，使水体中的浮游生物难以生存，水体环境逐渐恶化。除此之外，有害藻类产生的藻毒素同样会对水体中浮游生物的生存造成威胁，并且会释放难闻的气味于空气中，使水体周围环境也随之受到影响。例如，湖泊的水质退化已被证明会显著降低附近房价，当水华形成时，邻近湖泊房产价值会减少 30% 以上。同样，游客也会避免去污染严重、环境不好的湖泊游玩。全球每年由有害水华造成的社会经济损失是巨大的，从数百万美元到数十亿美元不等，国家对湖泊的管理愈发重视。

近几十年来，由于持续的富营养化和全球变暖，有害水华在全球范围内大规模暴发，而且在未来几十年可能会变得更加严重。全球多数湖泊都处于富营养化状态，如中国的太湖、加拿大的温尼伯湖、美国的尚普兰湖、美国和加拿大共有的伊利湖、俄罗斯的贝加尔湖等。

负荷升高是引起有害水华的主要原因，但不是唯一原因。缓慢流动的水体和环境条件的改变都是导致湖泊有害水华的重要因素。气候变化等也可以通过影响藻类程序性死亡的动态来影响有害水华。此外，当存在环境压力时，一些单细胞藻类还会消化自己的身体，其死亡所释放的营养物质不仅可以喂养其同类，还可以伤害竞争对手，从而维持某些藻类种群的生存。而有害水华的强度、频率和持续时间与水体富营养化有关，已成为全球关注的焦点，特别是危害较大、频率较高、范围较广的蓝藻有害水华（CyanoHABs）。CyanoHABs 在全球范围内广泛分布于包括湖泊和水库在内的地表水中，能持续几天到几个月。CyanoHABs 已成为严重威胁生态环境、人类健康和经济发展的重要因素。研究发现，Cyano-

HABs 不仅在夏末，而且在一年中其他时候也暴发，特别是在营养丰富的浅水湖泊中。当然，即使在低营养环境中，蓝藻主导的水华也可能暴发。

蓝藻是水生生态系统和营养结构中最有害的水华类群。与真核微藻相比，蓝藻没有膜结构的细胞器，且蓝藻具有多种生态的生理竞争优势，如固氮能力强、浮力强、偏好较高温度生长、良好的光捕获能力、较强的遮光效应等。蓝藻固氮能力与其特有的异形胞有关，它们可固定大气中的氮，即使氮不足时，也能较好地生存。而浮力强是依靠伪空胞（气囊）结构动态调整的，即调节伪气泡数和细胞增重物。蓝藻细胞可以在水层中改变垂直位置，以寻找适宜的生长条件，获取优势资源。蓝藻一般在水面上生存，以单细胞、成群或细丝形态存在，具有快速繁殖和快速形成水华的能力。蓝藻还能快速适应 CO_2 含量的变化，利用 CO_2 固定酶高效地累积无机碳，增强光合作用和增殖能力。在蓝藻繁殖期间，由于蓝藻毒素的产生，湖泊中的营养含量较低，形成了较大的菌落，通常会导致浮游动物对浮游植物的捕食被中断。这种能量转移的变化已经通过稳定同位素分析得到证实，在蓝藻水华期间，浮游动物改变饮食，从小颗粒中吸收碳，尤其是从微生物中吸收碳，其结构和组成可以观察到强烈的变化，特别是在蓝藻水华初期，细菌和纤毛虫大量地生长。除蓝藻外，入侵的甲藻是淡水生物多样性面临的另一个新威胁。不同的水华除了影响环境条件外，还会对浮游植物和浮游动物产生严重的影响，其影响取决于水华形成的同一性。

蓝藻在营养丰富和温暖的水域中生长良好，因此全球湖泊和水库蓝藻水华的扩大通常都归因于富营养化和气候变化。浮游藻类的快速过度生长可能会覆盖湖泊，阻碍水体与大气的交换，导致水的透明度和溶解氧下降，pH 值上升。蓝藻细胞依靠浮力漂浮到水面形成水华，会降低水的透光性形成遮光效应，致使各种生物和植物因缺氧或者缺光照而死亡，从而改变和破坏生态系统的结构和功能，加速湖泊老化。同时也会因水体腥臭和浮渣漂浮影响湖泊景观，降低水体的旅游和观赏价值，造成一定的经济损失。

CyanoHABs 腐烂时会消耗水中氧气，并在夜间产生缺氧环境，在此过程中蓝藻会释放藻毒素。据估计，有 2000 多种不同种类的蓝藻，但大概只有 40 种可以产生毒素。此毒素可能导致鸟类、哺乳动物（包括人类）和其他生物急性或者慢性中毒。世界卫生组织已将饮用水和景观娱乐用水中的微囊藻毒素的临时参考值作为指导标准：在饮用水中的浓度大于 $1\mu g/L$，景观娱乐水体中的浓度＞ $4\mu g/L$，会对人体健康产生不利影响。微囊藻是造成 CyanoHABs 相关环境问题的关键蓝藻物种，分布在 108 个国家和地区。在自然环境条件下，它表现出由细胞密集聚集组成的各种菌落形态，是富营养化水体优势种的主要特征之一，通常在温暖、平静、营养丰富的水域暴发，积累在水面形成水华和浮渣。许多微囊藻物种可以产生天然化合物蓝藻毒素，蓝藻毒素具有广泛的毒性，包括肝毒性、肾毒性、神经毒性和皮肤毒性。蓝藻毒素主要在细胞内产生，并在细胞死亡和裂解期间释放到周围的水中。而微囊藻毒素（microsystin，MC）是分布最广泛的蓝藻毒素。目前，大约 50 种不同的 MC 已经被分离出来。当然这些毒素的产生也取决于各种环境因素，如 pH 值、光照、氮和铁（Fe）的平衡，以及生态系统中其他生物之间的相互作用。

1.1.3　水华的影响因子

不同湖泊间的环境差异影响着湖泊水华的形成。先前的研究表明，在湖泊水华期间最常见的蓝藻是鱼腥藻、束丝藻和微囊藻。然而导致某一藻属类群水华的因素往往难以确定，通常蓝藻水华是复杂环境因素协同作用的结果，而不是由单一的主导变量决定的。总氮（TN）、总磷（TP）、水温和光照强度是影响藻类生长的主要因素，它们的协同作用会显著影响浮游藻类的生长。有研究表明，藻类的生长受到氮和磷营养供应的强烈影响，氮和磷被认为是限制藻类生长的最重要因素。水温和光强对藻类的生长也有直接的影响。Griffith 和 Gobler 等认为水温可直接影响浮游藻类的丰度及其群落结构，因为不同种类的浮游藻类对水温升高有不同的生理反应。近年来，许多研究都围绕单一因素对藻类生长的影响，而实际环境中多种因素共同影响着湖泊水华的发生。例如，气候变化、生态系统功能转变以及人类活动等多重因素都影响着湖泊水华的发生。Tong 等的研究发现湖泊变暖加剧了富营养化湖泊内部养分循环的季节性格局，并对水华产生潜在的影响。此外，由于人类活动而导致的水华频繁暴发已成为影响地球环境的典型事件。

1.2　藻类种群结构研究进展

1.2.1　浮游藻类的概述

浮游藻类，是指在水中营浮游生活的微小植物。目前，国际上已发现的浮游

藻类约为 40000 种，其中淡水浮游藻类大概有 25000 种，国内已鉴定出的大概
9000 种。

根据藻类细胞中光合色素的种类、贮藏养分的种类、细胞壁的成分、鞭毛有
无及着生的位置和类型等，可以将其分为以下门类：蓝藻门、红藻门、隐藻门、
甲藻门、褐藻门、黄藻门、金藻门、硅藻门、裸藻门、绿藻门及轮藻门。

在水环境监测方面，由于浮游藻类的生长对环境因子的变化非常敏感，因此
浮游藻类可以作为水环境质量的指示生物。

表 1.1 所示为优势藻细胞特性概述。

表 1.1　优势藻细胞特性概述

藻	分类	形态特点	繁殖方式	主要研究方向
斜生栅藻 (*Scenedesmus obliquus*)	绿藻门	(1)由单个或双对细胞组成，单细胞形状为纺锤形； (2)每个细胞内有一个叶绿体和一个蛋白核	无性生殖	水环境毒物评估的典型测试藻种
铜绿微囊藻 (*Microcystis aeruginosa*)	蓝藻门	(1)藻体主要是单细胞体和群体，群体通常呈球形团块状或不规则的网状团块； (2)无细胞核和叶绿体； (3)细胞壁内层是纤维素，外层以果胶质为主	细胞分裂	藻类水华的主要研究材料
小球藻 (*Chlorella*)	绿藻门	(1)藻细胞微小，呈圆球形或椭球形； (2)藻细胞中不含藻蓝蛋白	无性生殖	生长速率快，固碳效率高且 pH 适应广

1.2.2　浮游藻类群落结构及影响因子

1.2.2.1　浮游藻类群落结构

浮游藻类作为水环境中的初级生产者，在生物地球化学循环中起着关键作
用，一般在表层水体中生长繁殖，以获得充足的阳光。因此，它与水环境安全和
生物多样性密切相关。浮游藻类群落在一定程度上也能够反映水环境质量和水生
态系统的稳定性。因此，明确浮游藻类群落组成的时空变化及其与环境因子的关
系，对于实现水环境科学管理有着重要的参考价值。

作为食物链的起始生物，浮游藻类可以把光能转化为生物质，形成水生环
境中食物网的基础，同时储存无机营养物质和 CO_2。据估计，浮游藻类通过光
合作用的生产量约占全球初级生产量的 50%，是内陆湖泊生态系统的主要初
级生产者，这对能量流动和各种生化循环途径具有重要意义。湖泊中浮游藻类

主要以蓝藻门、硅藻门和绿藻门为主，通常有垂直分布和季节分布两种方式。一般来说，浮游藻类随水层的生存习性具有相似性，如绿藻通常在上层，蓝藻一般处于真光层底部，而硅藻和金藻大多在中、下层。此外，研究表明，尽管浮游藻类占全球自养生物量不到1%，但生物圈中固定的碳约有一半来自浮游藻类，且不同种类的浮游藻类具有不同的固碳能力。因此，藻类的动态变化组成对水华管理、湖泊生态系统的碳循环和碳汇集的调控机制具有重要意义。

通常，浮游藻类水华的发生与初级生产者生物量的迅速增加密切相关。浮游藻类群落的组成可以调节初级生产力，而藻类组成的变化和多样性可以在食物网中级联。藻类种群结构组成和丰度变化与环境条件直接或者间接互相影响。微生物群落之间的相互作用也决定了微生物群落的结构。而群落结构与环境因素之间的相互作用并不是简单的单向刺激或抑制，而是相互改变和促进。因此，微生物群落通常被认为是指示环境条件变化的重要指标。藻类群落之间的复杂相互作用使得它们具有一定的环境抵抗性，它们能够改变生长、光合作用、呼吸和钙化等不同生理过程，或改变其叶绿素含量和细胞大小，以应对环境扰动。浮游藻类群落倾向于朝着一个稳定的组成进化，但由于生物和非生物因素之间不断的相互作用，从来没有达到一个物种的有利平衡。

在水华形成过程中，主要以蓝藻为主，大多数水华中的蓝藻会分泌藻毒素，严重影响其他水生生物的正常生长，也会对人畜的健康造成威胁。2007年初夏，太湖暴发了大面积的蓝藻水华，大面积的水华阻隔了水体表面氧溶入水中，藻类死亡后分解也消耗大量氧气，导致水中溶解氧降低。另外，成为优势种的藻类在形成水华后，会通过种间竞争挤占其他有益藻的生存空间，造成生物多样性大大降低，使水生态系统受到严重破坏。大湖蓝藻水华造成无锡自来水水源污染，生活用水短缺，对居民生活产生了严重的影响。目前多数观点认为，蓝藻作为形成水华的优势群体，需要在与其他众多藻类的竞争中胜出，才能够获得足够的资源以维持较大的生物量，从而形成水华。可见，了解蓝藻和其他藻类的竞争关系，是理解水华发生过程以及构建蓝藻水华预防和控制手段的重要依据。这就需要明确水体中浮游藻类群落的组成、季节演替及其与环境因子的关系。

1.2.2.2 浮游藻类种群结构的影响因子

浮游藻类群落组成具有显著的时空差异和不同的季节演替模式，浮游藻类群落对水质变化的调节可以直接或间接地调节或影响藻类的丰度、群落结构组成和优势种的演替,进而影响湖泊生态系统的结构和功能。众多研究表明,由于各种浮游藻类最适生长温度的差异,淡水生态系统中浮游藻类群落存在明显的季节演替规律。一般表现为:冬、春季以隐藻和硅藻为主,夏、秋季以蓝藻和绿藻为主,而到秋末冬初隐藻和硅藻会再次成为优势种。虽然浮游藻类演替的基本模式已经由前人进行了归纳,但是针对特定水体及浮游藻类,时空演替仍然存在差异。秦岭南北麓地区的相关水体会呈现怎样的藻类演替格局有待进一步研究。

先前的研究表明,藻类群落的组成经常受到各种驱动因素的影响,如水温、营养物质(氮、磷)、pH 值和盐度。有研究表明温度的升高(从 10℃ 上升到 30℃)可以显著增加叶绿素 a(Chl-a)的含量,这表明在温暖的条件下,湖泊可以发展出蓝藻的优势种群。Hammer 指出鱼腥藻在 15~20℃ 时可大量繁殖,但在夏天温度最高时,它的生物量又会大幅度降低。Paerl 和 Huisman 发现,17.5~26℃ 时容易发生铜绿微囊藻水华。温度变化影响湖泊中物理、化学和生物性质的相互作用,在浮游藻类群落中,它们也在响应这些因素的变化。当然,在富营养化过程中,营养物质的比例发生变化会促进物种之间对营养资源的竞争,引起群落结构的变化。

养分形态和降雨条件会影响藻类的生长和群落结构的演替。通常情况下,贫营养状态时,硅藻大量繁殖成为优势藻种。中营养状态时,蓝藻占优势。而在富营养状态时,优势藻种会转变为绿藻。Jeppesen 等研究表明,具有异形胞的蓝藻在总磷小于 0.25mg/L 时占优势,无异形胞的蓝藻在总磷为 0.25~0.8mg/L 时占优势,而绿藻在总磷大于 1mg/L 时占优势。也有研究认为氮磷比才是影响浮游藻类群落演替的主要原因。当氮、磷浓度都很高时,绿藻占优势。而当磷浓度很高,氮浓度很低时,固氮蓝藻(如鱼腥藻)占优势。类似的,当湖中的氮磷比小于 29:1 时,蓝藻的竞争力更强,而当氮磷比大于 29:1 时蓝藻则开始减少。但是,也有研究表明在较高的氮磷比条件下,湖泊也会发生蓝藻水华,并据此认为较低的氮磷比只是蓝藻水华发生的结果。许海等监测了太湖蓝藻水华暴发期间梅梁湾和湖心区水体营养盐和浮游藻类群落结构的变化,结果显示氮磷浓度充足时,氮磷比对生长速率并没有影响。可见,浮游藻类生长受氮磷浓度影响更大。Fu 等通过对洞庭湖浮游植物丰度(1988~2018 年)年度趋势的调查,表明人类活动、气候变暖和降雨条件通过水体营养和水文的变化间接影响浮游藻类的组成。新的研究发现大气中二氧化碳水平的升高可能会通过空气-水交换增加淡

水系统中溶解的 CO_2 水平，从而提高水体中藻类初级生产量。另外，氮磷代谢和光的利用与 CO_2 同化密切相关，当 CO_2 水平较高时，这些过程可能受到资源和能量重新分配的影响，这将又会通过资源（如营养物质）对藻类群落结构产生一定的反馈。地理分布也会影响藻类群落结构。Yang 等此前对藻类群落分布格局的研究表明，藻类种群数量与地理位置具有很强的相关性。此外，Zhang 等认为城市湖泊中的藻类群落受地理位置和环境条件的驱动。因此，不同水生态系统的藻类群落结构受到不同水质参数和当地条件的影响，从而形成了独特的藻类群落结构。当然，浮游藻类与水体微生物之间的互利共生、溶藻和寄生等错综复杂又紧密联系的多种相互关系也影响着浮游藻类和微生物群落结构的变化。

然而，由于浮游藻类群落组成的差异，不同水生态系统中浮游藻类群落的季节演替规律远比上述规则复杂得多，仍然需要进行广泛的调查和深入的统计分析，以提升对浮游藻类季节演替的认识。

秦岭是我国南北气候等自然地理要素的分界线。随着生态文明建设的快速发展，秦岭的生态功能变得更加重要，它不仅是支撑关中平原和陕南地区永续发展的生态屏障，也是长江和黄河等重要支流的涵养地。秦岭的水生态环境好坏直接影响长江和黄河中下游地区的经济社会发展，以及南水北调中线工程水源供给。因此秦岭南北麓的水环境质量和水生态健康对于整个区域的水环境和水生态保育都是极为重要的。在此基础上，有针对性地提出适用于提高该区域水环境质量和浮游藻类多样性的管理措施，有助于促进秦岭南北麓环境和资源的协调发展。

陕西省秦岭南北麓的水资源空间分布差异较大。其中 71% 集中在秦岭南麓的陕南地区。而秦岭北麓的关中地区人口密度最大，经济最发达，水量却仅占 18%。近年来，关中地区正在逐步构建包括"八水绕长安"在内的水生态景观。由于该地区地表淡水资源的紧缺，大量人工湖泊利用地下水、自来水厂退水和污水厂出水等作为水源。上述水源大多含有大量的氮元素，磷浓度较小，即水源氮磷比很大。然而，目前大量人工湖泊依然出现较为明显的蓝藻水华，这与一般认为的氮磷比较小有利于水华蓝藻生长的认识相矛盾。因此，对该地区景观水体浮游藻类群落的季节演替及其与环境因子关系的研究有望进一步揭示上述矛盾，充实对蓝藻水华机理的认识。

流经陕西省的渭河流域是关中地区的重要水资源。随着经济的快速发展，流域内部分水系由于自然和人为因素而呈现不同程度的富营养化状态。富营养化严重的水域会形成水华，使得水体生物多样性降低，水生态系统的平衡被破坏。目前，有关富营养化水平与浮游藻类群落组成的研究大多聚焦于海洋和内陆湖泊，那么在河水生态系统中，随着富营养化程度的改变，浮游藻类群落结构会呈现怎样的变化有待进一步探究。

水资源占比最大的陕南地区，是丹江口水库和引汉济渭工程的水源地，也是长江经济带的重要生态涵养区。近年来有报道，陕南地区包括池塘、涝池和水库等水体都呈现出不同程度的富营养化状态，甚至在部分水流相对静止的池塘中出现较多的藻类等浮游生物。一旦发生较大面积的有害水华，将会对陕南地区的饮水、养殖以及丹江口水库和引汉济渭工程造成严重的危害。但是目前，尚未有将整个陕南地区作为研究对象，针对性地探究浮游藻类群落组成与环境因子关系的研究。所以，对陕南地区的水质监测以及对浮游藻类群落的调查就显得意义尤为重大。

1.3 藻类水华的治理现状

随着水污染的加剧，水体富营养化严重影响着人们的日常生活和生产。湖泊水华现象对饮用水水源地的危害较大，因此水华的治理是解决湖泊水体富营养化的重要任务。降低水体中过量的氮和磷是控制水生生态系统富营养化过程的主要途径。针对藻类水华的治理，目前国内外常用的方法主要有三种（表 1.2）。

表 1.2 水华治理措施

类型	水华治理措施	成本	具体描述	限制性
物理方法	超声波	高(高功率超声)；中(低功率超声)	通过空化泡共振、高温裂解、自由基氧化和微射流剪切等物理化学效应对藻类生理活性和细胞结构产生影响	高功率单位在野外环境中不能提供足够的穿透能力
	表面搅拌机和喷泉	中等至高	混合表面水体，使漂浮的藻类不能聚集在表面形成水华	方法简单，但需要将混合区指定为危险区域。此法会产生噪声和硫化氢气味
	曝气/充氧	高	提高底层水体的含氧量，以减少底层沉积物中刺激藻类生长的营养物的释放	需现场生产氧气或使用氧气储存罐

续表

类型	水华治理措施	成本	具体描述	限制性
物理方法	疏浚	高	清除水体底部富含营养物质的沉积物	只适用于小型池塘,且废弃物处置困难
	气浮	较高	根据藻类个体小、密度低的特点,投加絮凝剂后,使藻类和药剂形成絮凝体,再通过微小气泡上浮作用将絮体带至液面,最后通过排渣去除	藻渣处置受限
化学方法	过氧化氢	中等	抑制藻细胞生长且无二次污染,降解为氧气和水,是一种清洁技术	可以有效地去除蓝藻,但浓度必须优化
	硫酸铜	低	为常用的控制水库和湖泊蓝藻的制剂	铜对食物网的毒性以及铜在沉积物中的持久性
	明矾	中等至高	明矾是硫酸铝,可在水体中形成水团,捕获蓝藻,并可从水中和沉积物中吸附磷酸盐,从而去除藻类生长至繁殖期的关键营养物质	在适当的条件和剂量下非常有效,但化学物质可能残留在底部沉积物中
	底泥覆盖	高	沉积物盖层可以在现有底部沉积物和上覆水体之间提供主动或被动的物理屏障	费时又昂贵
	植物提取物	低	在小型系统中,可以添加足够的植物材料(如大麦秸秆)来证明其有效性	有效性并不能保证
生物方法	微生物控藻	低	通过微生物直接或间接杀死藻类,溶解藻细胞	引进的生物未必能战胜原生种群,可能需要连续补播
	食物网	高	改变捕食者的种类组成或操纵植食性的浮游藻类的群落结构	控制食物网困难,比如浮游动物或鱼类
	水生植物	高	水生植物的根系吸收污染物质	费用昂贵,植物需要量大

1.3.1　物理方法

物理方法是利用物理分离或灭活技术，将藻从水体中除去。传统技术有机械清除法、过滤法和遮光法，新技术有紫外线照射法和超声法。此类方法的控藻效果有差异性，污染程度低，但工程所需的时间长、经济成本高，实际应用比较困难。例如，周绪申利用过滤法进行除藻实验，蓝藻去除率基本超过 80%。Sakai 等指出 UV 辐照可以对藻细胞 DNA 及光合系统造成损伤，从而抑制藻类生长。Liu 等采用泥沙疏浚作为水华的预防控制方法，比较了不同疏浚深度（0cm、7.5cm、12.5cm、22.5cm）对预防水华形成的效果，结果表明，未疏浚、疏浚7.5cm 和疏浚 12.5cm 均出现水华现象，而疏浚 22.5cm 处理则未出现水华，且研究发现疏浚不能抑制水华的刺鼻气味。Park 等采用相对较低频率（36～175kHz）的超声波技术进行试点实验，当频率为 36kHz 时，藻类的减少量达到了最高水平。物理方法具有除藻效果较好、无污染的优点，但不能从根本上解决问题，且费时费力。

机械清除法是最早出现的一种应对水华的方法，即利用人工或者机械方法将藻细胞去除，是比较直接快速的应急除藻措施。传统的打捞虽然灵活性大，但大规模打捞需要投入人力和物力，效率一般且成本较高，适合小范围去除浮藻层。虽然此方法能够降低藻细胞密度及叶绿素 a 含量，但不能从根本上减轻水体水华且藻体的后续处置也是一个值得思考的问题。

紫外线照射处理也被广泛应用于水处理，对防治蓝藻有害水华具有应用前景。首先是因为紫外线照射处理有害水华不含化学物质，所以消毒副产物的形成和对生态系统产生负面影响的可能性较小。其次是因为紫外线照射的设备构造简单，可移动操作，范围更广。但紫外线照射对藻细胞的抑制效果通常与紫外线强度有关，对不同藻的有效性差异很大。更值得注意的是大多数抑制是短暂性的、可恢复的。实际实践时，应考虑藻类敏感性、紫外线透射率、pH 和藻细胞恢复生长等因素。

超声波除藻因其简单、穿透能力强和无污染等优势是目前被广泛关注的绿色策略方向。此方法通过空化效应、热学效应和机械效应等破坏藻细胞光合作用系统、细胞膜、细胞壁和气泡，使得藻细胞破碎和死亡，以达到除藻的目的。长期应用的数据表明，合适频率和强度的超声波作用 5min 就可以达到抑制藻类生长的效果。Huang 等以超声波为 29.4kHz 的频率和 0.02W/mL、0.05W/mL 和0.94W/mL 的超声密度暴露 60s，可分别有效地将上清液中蓝藻细胞浓度降低

31.5%、46.2%和51.0%（第1天），且培养7天后细胞没有恢复到初始浓度，这说明超声波处理可能是蓝藻控制的有效策略。但该法仅适用于小型蓝藻水华的应急处理，且作用时间长，辐射范围有限，不具备持续抑制的效果。若使用此方法，还应该重点关注藻细胞破碎后藻类有机物的释放可能带来的水质安全问题和对其他水生生物的非目标伤害性。

曝气充氧技术是利用机械设备对下层水体曝气增加溶解氧浓度，通过混合上下层水体来迁移表层的浮游藻类，从而从根本上抑制其过度生长的技术。近年来，国内扬水曝气技术在湖库水体得到成功应用，它可在原位对水质进行改善，打乱水体季节热分层，改善底层厌氧环境。翟振起等调查了茜坑水库在扬水曝气系统（WLA）运行前后一个月的水质变化，表明WLA提高了水中溶解氧（DO）含量，藻密度出现下降且优势种由蓝藻转变为硅藻。但曝气增氧技术仅适合于水深较大、流动性能差、易形成水体密度分层的湖泊或水库。

底泥疏浚也是目前普遍使用的一种湖泊污染物削减技术。其缺点在于此方法存在一定的争议，国内案例中效果一般维持一个月到一两年，而国外通常可达18年。出现这种不同的改善效果原因也复杂，但重要的是此方法未对外源物进行控制。气浮法是提供大量微小气泡至水中，使得微气泡和絮体黏附漂浮到水面，然后再通过打捞、过滤等方法去除藻类的方法。这些除藻方法操作易行、不产生二次污染，但只适用于藻密度较大的水华水域，且其对残留在水体中的蓝藻毒素等没有去除和降解。

当然，如遮光抑藻、吸附等方法也在发展和研究中。综上所述，物理方法虽然简单易行、见效快、不会造成二次污染，但成本和其他特殊的方面尚有局限性，难以大面积应用。因此，物理方法通常作为湖泊应急治理的辅助措施，可结合其他技术方法来应用实施。

人工混合可以增加水的含氧量，使深层温度升高，上层温度降低，从而可以去除水库热分层，减少可用光，减少内部磷负荷，进而可有效防止富营养化和水库中蓝藻的增殖。Zhang等基于室内模拟和现场研究，探索了扬水曝气控制藻类生长的内部机制，结果表明，扬水曝气的运行使得分层型饮用水库中藻类的生长、细胞代谢和光合作用受到了显著的不利影响（图1.1）。室内模拟研究表明，低温、低光照能显著抑制藻类生长，降低细胞代谢活性，而扬水曝气主要通过降低表层温度，并将藻类混合到深层增加光限制，使得水库中藻密度显著降低。藻密度和藻类群落结构在垂向分布上呈现显著差异。人工混合对藻类生长影响方面的研究总结见表1.3。

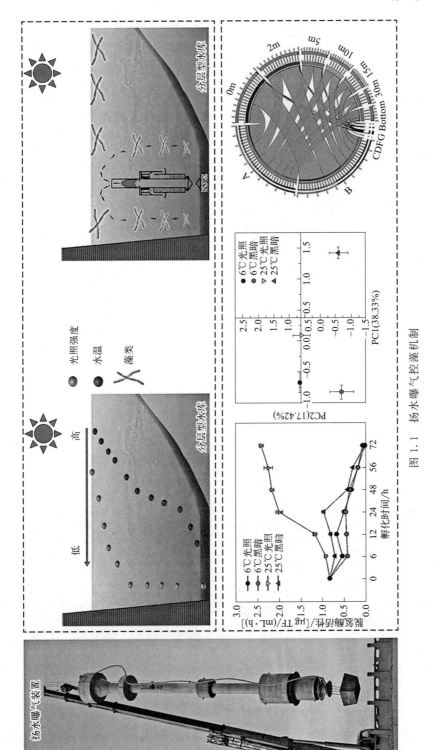

图 1.1 扬水曝气控藻机制

表 1.3 人工混合对藻类生长的影响总结

研究区域	湖泊水库特性	混合技术	混合深度	混合方式	结论
荷兰 Nieuwe Meer 湖	面积 1.32km^2，平均深度 18m，最大深度 30m	空气管混合	20～25m	连续、间断	有效防止微囊藻水华和夏季分层，并降低叶绿素浓度，初始气泡尺寸从 5mm，缩小到 2.5mm
美国 Prince 湖、Western Branch 湖	—	同温层曝气	0～10m	连续	可使氧气传递量增加 1 倍，减少底泥有机质释放，防止富营养化
德国 Tegel 湖	面积 4.0km^2，平均深度 6m，最大深度 16m	同温层曝气	12～16m	间断	水体上下层得到有效混合
英国 Hanning-fields 水库	平均深度 7m，最大深度 17m	空气管混合	—	间断	藻类生物量减少 66%
中国黑河水库	面积 4.68km^2，平均深度 70～90m	扬水曝气	50～110m	间断	有效提升水体溶解氧浓度，消除水体分层，改善水质，防止污染物从沉积物中释放，控制藻类的增殖
中国周村水库	面积 8.54km^2，最大深度 13m	扬水曝气	0～13m	间断	消除水体分层，藻类生物量减少，多样性增加，藻密度垂向差异消失，优势种由蓝藻、绿藻变成硅藻
韩国 Dalbang 湖	面积 5.29km^2，平均深度 15.8m，最大深度 35.7m	空气管混合	15～35m	间断	产生均匀的物理化学参数，表层温度从 28.9℃降至 26.4℃，底层温度从 8.0℃升至 23.7℃
德国 Bleiloch 水库	面积 9.2km^2，最大深度 55m	空气管混合	20～25m	连续	微囊藻群体混合到更深层，引起更大的光限制，从而抑制蓝藻水华；硅藻和绿藻代替蓝藻，藻类多样性增加
美国 Ford 湖	面积 4.0km^2，平均深度 4.3m，最大深度 11m	水流	8m	间断	减少磷负荷和蓝藻发生水华的概率
新加坡 Upper Peirce 水库	面积 3.2km^2，最大深度 22m	空气管混合	0～20m	间断	高气流速率有助于氧气增多，改善水质，防止富营养化
中国金盆水库	面积 1481km^2，平均水深 70～100m	扬水曝气	50～110m	间断	解决缺氧、厌氧问题，底泥表层溶解氧浓度高于 2mg/L，明显削弱沉积物中营养盐、有机质的释放，抑制藻类的增殖
中国李家河水库	平均深度 55m，最大深度 70m	扬水曝气	0～70m	间断	垂直混合后，藻类生长明显下降；藻类的光合能力和活性削弱

续表

研究区域	湖泊水库特性	混合技术	混合深度	混合方式	结论
澳大利亚 North Pine 水坝	面积 21.8km², 平均深度 10m, 最大深度 35m	空气管混合	—	连续	富营养化率降低 30%
日本 Yogo 湖	面积 1.7km², 平均深度 7.4m, 最大深度 13.5m	空气管混合	2.3~4m	连续	改变藻类生物量和季节性演替
美国 Sheldon 湖	面积 0.061km², 平均深度 <1m	空气管混合	0.4~0.8m	间断	人工混合速率达不到充分混合的水生系统, 蓝藻在混合期间仍占比较大
中国汾河水库	面积 32km², 平均深度 6.5m, 最大深度 19m	扬水曝气	—	间断	控制水库底泥中氨氮的释放, 防止富营养化
中国芥园水厂	平均水深 8m	扬水曝气	6.3m	间断	运行期间藻类增殖得到控制, 叶绿素 a 浓度降低 13.96%

1.3.2 化学方法

化学方法主要是利用化学药剂的一些特性去破坏藻细胞活性, 从而达到灭藻的目的。化学方法是广泛使用的一种方法, 其优点是操作简单、效果较为显著, 缺点是易产生二次污染和有毒副产物, 安全性不高。传统的原水化学除藻技术主要依靠投加臭氧、二氧化氯、高锰酸钾、硫酸铜、过氧化氢、明矾、植物提取物等化学除藻剂。除此之外, 还有硫酸铝、三氯化铁等絮凝杀藻剂。化学方法大多应用在水厂预处理除藻。当然也存在使藻细胞沉入水底后释放有害物质, 非选择性地损害其他水生生物和人类健康的情况。Matthijs 等利用一种特殊的扩散装置 (水耙), 将 2mg/L 的 H_2O_2 均匀地注入整个湖水中, 蓝藻的数量和微囊藻毒素的浓度在几天内下降了 99%, 而真核浮游植物 (包括绿藻、隐藻、金藻和硅藻) 和浮游动物基本未受影响。这种方法的一个关键优点是添加的 H_2O_2 在几天内降解成水和氧气, 因此在环境中不会留下长期化学痕迹。Fan 等评价了 $CuSO_4$、氯、$KMnO_4$、H_2O_2 和臭氧对铜绿微囊藻细胞的影响, 结果表明不同的处理方法对藻细胞的影响具有差异性, 在实际应用中, 要根据实际情况和风险评价来确定处理方法。大量研究发现液氯有很好的灭藻效果, 但氯会与水体中的腐殖质等有机物和藻类等反应生成有危害的消毒副产物。ClO_2 是另一种新兴的水处理氧化剂。二氧化氯以分子扩散的形式进入细胞内, 破坏叶绿素的光合结构, 使其失去活性。同时，二氧化氯还可以产生自由基，破坏藻细胞蛋白质结构，最终导致藻细胞死亡，但其成本相对较高。O_3 经常被用作消毒剂，广泛用于水、空气和食品行业的消毒。Coral 等发现臭氧对藻类细胞形态和细胞完整性造成影响，臭氧首先攻击细胞壁和质膜糖蛋白、糖脂或某些氨基酸，通过改变细胞通透性，使细胞迅速裂解死亡，但该技术存在成本较高而难以广泛应用的问题。$KMnO_4$ 能促进藻细胞的凝聚，使藻细胞的胞外有机物从细胞表面脱落，降低藻细胞的稳定性，其成本同样很高。硫酸铜（$CuSO_4$）容易破坏藻细胞结构，引发藻毒素大量释放，使水体产生二次污染。

1.3.2.1 过氧化氢除藻

H_2O_2 通过产生强氧化性的羟基自由基（·OH）穿透藻细胞的细胞膜进入细胞内，破坏蛋白质和遗传物质，引起细胞死亡。过氧化氢（H_2O_2）反应之后的产物只有水和氧气，无有毒有害副产物产生。因此，H_2O_2 作为除藻剂具有一定的应用前景。关于 H_2O_2 氧化蓝藻的机理，有研究表明，H_2O_2 会引发藻细胞发生膜脂质过氧化，使光合作用系统和蛋白质合成遭到破坏。另有研究表明，向富含藻类的水体中加入低浓度的 H_2O_2，会对微藻细胞的增长起促进作用，其毒性作用与剂量和时间成正比。

H_2O_2 与含藻水体反应的过程是一个产生和捕获·OH 的动态平衡过程。H_2O_2 对藻细胞的损伤效应主要表现在摧毁藻细胞的抗氧化防御系统，降低光合活性和代谢活性上。抗氧化防御系统的超氧化物歧化酶（SOD）和过氧化氢酶（CAT）之间互相协调完成清除活性氧的任务。首先 SOD 可以把超氧阴离子自由基转化为过氧化氢，然后机体内的 CAT 会把有害的过氧化氢进行分解，保护细胞。大量的研究已经报道了 H_2O_2 氧化损伤藻类生长的生理机制，然而关于基因层面的报道却很缺乏。蛋白质是生物的物质基础，参与生物体结构的构建和各种生存代谢。藻细胞在 H_2O_2 胁迫后，蛋白质的表达差异受基因和蛋白质的修饰与表达影响。随着生物学新技术的发展，蛋白质组学和转录组学已经被广泛应用在各领域。

转录组学是研究基因转录与基因调控规律的学科。高通量测序技术具有迅速、灵敏、准确的优点，已成为研究转录组学有力的工具。近几年，关于微藻的转录组研究国内外已经有一定的进展。比如，Yu 等利用全基因组转录组测序鉴定与镉耐受性相关的基因，结果表明光合作用、谷胱甘肽代谢和钙转运基因与莱茵衣藻对镉的耐受性有关。

蛋白质组学是了解胁迫条件下植物蛋白质变化的有力工具，它已经被用来识别多种生物过程。其中最早是用二维凝胶电泳技术去研究蛋白质组学，然而，由于其在处理低丰度蛋白质上有着重现性不好的局限性，无法满足高效分析蛋白质组的要求，因而近年逐步被液质联用技术替代。同位素标记相对和绝对定量法是蛋白质组学中的新技术手段，具有高定量和可重复的特点，已经被应用在各个领域。比如，Kaur 等利用蛋白质组学研究了绿藻对铜绿微囊藻分泌的化感物质的生存策略，结果表明，绿藻暴露于化感物质中会导致双向凝胶电泳（2DE）凝胶上积累 13 种差异蛋白。13 种差异蛋白分为三个功能类别，分别为能量代谢、活性氧（ROS）清除酶与分子伴侣和氨基酸与蛋白质的生物合成。

同时，H_2O_2 对部分藻类的毒性作用取决于藻类的生物活性、种类，铁（Fe）、锰（Mn）等氧化还原敏感金属的存在，以及光照强度、温度等多个影响因素。H_2O_2 除藻也存在一定的缺点，如 H_2O_2 是一种强氧化剂，成本高昂且高纯度的 H_2O_2 在实际中难以应用。

1.3.2.2 硫酸铜除藻

硫酸铜是一种广泛使用的低成本杀藻剂，它可以破坏藻细胞膜结构并抑制藻类细胞进行光合作用，从而降低藻细胞的活性。硫酸铜作为杀藻剂已使用了几十年，至今仍是淡水系统中最常用的杀藻剂。20 世纪初以来，它一直在被使用，最早的应用记录在费尔蒙特湖。其由于廉价易得，并可以有效对抗蓝藻而被广泛使用。在 $25 \sim 1000 \mu g/L$ Cu^{2+} 的浓度范围内，硫酸铜对水环境不会造成严重的污染。然而硫酸铜使用有时受到限制，当 Cu^{2+} 浓度过大时，剩余的铜会在湖泊底泥中积累，造成水生植物、浮游动物的死亡及产生抗体的突变株出现。推荐的剂量通常在 $0.025 \sim 1 mg/L$ Cu^{2+} 范围内，以控制蓝藻水华。据世界卫生组织规定，水库和湖泊中铜的浓度应小于 $2.0 mg/L$。因此，应根据实际情况确定适量的铜浓度，尽量减少湖泊或水库中的残留铜浓度。此外，硫酸铜会导致藻类细胞膜完整性的丧失，导致细胞内的毒素释放到周围水域。在美国，硫酸铜已被广泛用于控制俄亥俄州和密歇根州供水水库和湖泊的藻类。控制不同藻类所需的铜量各不相同，硫酸铜作为杀藻剂的最大推荐浓度为 $2 mg$ Cu^{2+}/L。

王寿兵等研究了不同 Cu^{2+} 浓度对铜绿微囊藻细胞生长和叶绿素荧光参数的影响。研究结果表明，当 Cu^{2+} 浓度为 $0.32 \sim 1.16 \mu mol/L$ 时，可促进藻细胞的生长；当 Cu^{2+} 浓度小于 $0.16 \mu mol/L$ 或大于 $2.16 \mu mol/L$ 时，可抑制藻细胞生长。当 Cu^{2+} 浓度为 $4.16 \mu mol/L$ 时，光系统 II 的 F_v/F_m（光潜在最大光合活性）、Φ_{PSII}（实际光能转化效率）和 ETR（电子传递速率）显著低于处理组（$p < 0.05$），藻细胞的光合活性受到明显的抑制；而当 Cu^{2+} 浓度小于 2.16μmol/L 时，对 F_v/F_m、Φ_{PSII} 和 ETR 的影响不大。

赵小丽等探究了硫酸铜对浮游植物群落的影响，并在富营养化湖泊中实际应用 $CuSO_4 \cdot 5H_2O$（102μg/L Cu^{2+}）控制蓝藻水华。实际应用的试验结果表明，藻类生物量呈现先下降后上升的趋势，且不同藻类的变化趋势不相同。同时发现，水体透明度提高，水体中微囊藻毒素的浓度大幅降低。

Qian 等分析了硫酸铜、过氧化氢和 N-苯基-2-萘胺对铜绿微囊藻光合作用相关基因和微囊藻毒素相关基因转录及生理变化的影响。结果表明，三种杀藻剂抑制了 $psaB$、$psbD1$ 和 $rbcL$ 的转录，阻断了电子传递链，显著增强了活性氧（ROS）的积累，使抗氧化系统受到抑制。活性氧的增加破坏了色素的合成和膜的完整性，抑制或杀死了藻类细胞。Tsai 等研究了两种铜化合物［$CuSO_4$ 和乙醇胺酮（Cu-EA）］对铜绿微囊藻细胞密度、膜完整性和微囊藻毒素释放的影响；铜浓度范围在 40～1000μg/L。研究结果表明，当铜浓度为 80mg/L 时，铜绿微囊藻细胞完整，与 160～1000mg/L 处理浓度相比，铜绿微囊藻释放的微囊藻毒素较少，而在 160～1000mg/L 处理中，铜绿微囊藻细胞溶解，微囊藻毒素释放相对较多。Zhou 等研究了硫酸铜（$CuSO_4$）、过氧化氢、敌草隆（diuron）和 2-甲基乙酰乙酸乙酯（EMA）4 种常见杀藻剂对铜绿微囊藻的光合能力、细胞完整性和微囊藻毒素-LR（MC-LR）释放的影响；分析了杀藻过程中钾离子（K^+）的释放。用脉冲调幅荧光法（PAM）测定了 3 个典型的光合参数，包括有效量子产额（Φ_e）、光合效率（α）和最大电子传递速率（$rETR_{max}$）。结果表明，4 种杀藻剂均不同程度地抑制了光合能力，限制了光合过程中的能量捕获，阻断了初级反应中的电子转移链。此外，杀藻剂浓度的增加可导致细胞裂解，释放细胞内的 MC-LR，促进细胞外 MC-LR 的积累。4 种杀藻剂释放 MC-LR 能力的顺序为 $CuSO_4 > H_2O_2 >$ 敌草隆 $>$ EMA。Dia 等在实验室条件下比较了硫酸铜（$CuSO_4$）、高锰酸钾（$KMnO_4$）和敌草快（diquat dibromide）对铜绿微囊藻和水华束丝藻的影响。分析发现，3 种杀藻剂均能有效地抑制水华束丝藻，且敌草快的杀藻效力更强。与 $KMnO_4$ 相比，$CuSO_4$ 和敌草快更能有效地控制铜绿微囊藻。其中，1mg/L 的 $CuSO_4$ 在 48h 内对藻细胞的抑制率超过 95%。Fan 等以铜绿微囊藻为研究对象，从藻类细胞的生理特性出发，探讨 Cu-MOF-74 对铜绿微囊藻生长的抑制作用，以揭示其抑藻机理。研究结果表明，1mg/L 的 Cu-MOF-74 对藻类具有相对较好的抑制作用，可在 120h 内达到 75.5% 的去除率。Iwinski

等研究了铜杀藻剂浓度和配方对细菌组成和微囊藻毒素-LR（MC-LR）降解的影响。将铜绿微囊藻暴露于 3 种铜杀藻剂的 4 组不同浓度（0～5.0mg/L）中，测定了 MC-LR 的降解速率和浓度。研究结果表明，铜浓度会影响 MC-LR 的降解速率，但在目前普遍使用的被测杀藻剂铜浓度范围（≤1.0mg/L）内，影响并不显著。铜制剂的配方对降解速率和细菌组成无明显影响。Xu 等系统研究了硫酸铜（$CuSO_4$）、高锰酸钾（$KMnO_4$）、过氧化氢（H_2O_2）对伪鱼腥藻细胞活力和完整性的影响；并且在经过杀藻剂或氧化剂处理后，还检测了 2-甲基异坎醇（2-MIB）的释放和降解。研究结果表明，这些化学物质可以降低伪鱼腥藻的细胞活性，破坏细胞膜。与单细胞铜绿微囊藻相比，丝状伪鱼腥藻更易受到这三种杀藻剂的影响。Ebenezer 等研究了多环旋沟藻（*Cochlodinium polykrikoides*）对 $CuSO_4$ 的生理反应，研究发现细胞数量和色素含量以及叶绿素自荧光强度显著下降。

近年来，针对硫酸铜对藻细胞影响的研究已转向分子机制。转录组学已成为藻细胞胁迫研究的有力工具。Guo 等通过对 $CuSO_4$ 处理下多环旋沟藻的转录响应进行研究，旨在为 $CuSO_4$ 对多环旋沟藻水华的控制提供一定的分子机制，该研究首次报道了多环旋沟藻的转录组。差异表达光系统基因表明光合作用机制受到严重影响，并可能进一步导致细胞死亡；基因翻译和转录过程可能被破坏，细胞生长和增殖被抑制，并可能加速细胞死亡。然而，抗氧化系统对 $CuSO_4$ 的抗性导致了胁迫，线粒体可以弥补光合作用效率降低导致的能量不足。此外，多种信号转导途径可能参与了 $CuSO_4$ 诱导的多环旋沟藻调控网络。这些数据为解释杀藻剂 $CuSO_4$ 对有害多环旋沟藻的影响提供了潜在的转录组学机制。许多研究报道了 Cu^{2+} 对铜绿微囊藻生理水平上的毒性机制，但对这些机制的转录组学基础知之甚少。Wang 等用 0.5mg/L Cu^{2+} 处理铜绿微囊藻 72h。结果表明，铜绿微囊藻细胞内的 Cu^{2+} 含量升高，而 F_v/F_m 叶绿素荧光值和叶绿素 a 含量急剧下降；活性氧浓度和抗氧化酶（超氧化物歧化酶、过氧化氢酶和过氧化物酶）活性均升高。该研究报道了第一个铜绿微囊藻的转录组。Cu^{2+} 毒性严重影响光合作用和氧化磷酸化，可能导致细胞死亡。这些数据为解释 $CuSO_4$ 对有害的铜绿微囊藻的作用提供了可能的机制。

综上所述，化学杀藻方法操作容易，短时间内效果明显，但容易造成二次污染，出现难以消除的负面效应，无法从根本上解决藻类水华问题。因此，在使用化学杀藻剂时，应评估使用的剂量。大多时候考虑将化学杀藻方法作为应急管理措施使用。

1.3.3 生物方法

生物除藻技术利用生物对水体中的污染物进行转化、降解和转移，从而使水体环境得到恢复，目前主要包括植物、动物和微生物控藻。生物法具有成本低、生态安全性高、生态兼容性好等优点，但存在周期长、效果缓慢、不易调控等缺点。从许多水生、陆生植物和海藻中分离天然化合物已成为控制水生有害藻类的另一种方法。有研究报道大麦秆木质素的氧化产物是抑藻的主要活性物质，而且木质素相对缓慢的降解速率使大麦秆具有长时间的抑藻作用。而水生动物中，目前报道的捕食蓝藻的原生动物主要有鞭毛虫、变形虫和纤毛虫。微生物控藻法是指利用微生物抑制或杀死藻类。已有研究表明，溶藻微生物能有效抑制赤潮藻属藻类生长。例如，Jung 等从水库分离得到一株可有效抑制硅藻生长的荧光假单胞菌，该菌株具有溶藻专一性，且溶藻活性物质位于细胞质内。当菌液接种细胞浓度为 5.0×10^6 个/L 时，硅藻抑制率高达 90%。Zerrifi 等介绍了从海藻中分离强生物活性化合物对藻类生长的抑制作用。

溶藻放线菌的研究进展介绍如下。

（1）溶藻放线菌的种类　放线菌是革兰氏阳性菌，在自然界中广泛存在，是一类丝状且产孢子的单细胞生物。放线菌分泌的天然活性抗生素等代谢物质在医学方面具有良好的应用，这也因此限制了放线菌在其他领域的研究。近年来发现这些丰富的代谢产物也可以作用于藻类，成为重要的溶藻物质，因此在藻类防治方面得到了越来越多的关注。目前发现的溶藻放线菌有球孢链霉菌、枝链霉菌、河北链霉菌、弗氏链霉菌、不产色链霉菌等。这些具有溶藻特性的放线菌菌株大多都是链霉菌属。而从来源看，目前已知的大多数溶藻放线菌都分离自土壤，从水体中分离发现的放线菌数量和种类较少。因此，水体放线菌的发现和分离对蓝藻水华治理至关重要。

（2）溶藻菌对藻细胞的影响机制　目前关于溶藻菌对藻细胞的影响机制研究仍需要不断深入，对溶藻过程的描述主要体现在细胞水平的藻细胞破裂或死亡、有生理功能的活性氧的形成、基因水平上遗传物质的破坏等。

首先，藻类细胞破裂是菌-藻作用中最容易观察到的现象。细胞膜和细胞壁是保证细胞完整性的重要结构，也可能是菌株的主要进攻点。细胞膜受损破裂会破坏细胞完整性，导致胞内细胞核苷的泄漏，影响细胞正常的生理功能。细胞壁破坏后藻细胞也会出现相同的危机。

　　其次，细胞内 ROS 的增加也是溶藻作用中最常观察到的特征之一。活性氧的产生和清除通常处于一个动态平衡状态中。通常藻细胞有一个清除 ROS 的防御系统，该系统包括抗氧化酶，如 SOD 将超氧自由基转化为过氧化氢，并在 ROS 清除中发挥关键作用。在正常情况下，ROS 启动并参与重要的信号转导途径，并调节基本过程，包括生长、发育和适应压力。当细胞处于应激状态时，ROS 的过量将会导致细胞损伤甚至细胞死亡。同时，ROS 的升高也与细胞膜破坏、叶绿体障碍、光合抑制和其他生理变化有关。如光合抑制可能是由氧化损伤或光合电子流的阻塞引起的。

　　目前关于溶藻机制在基因水平的研究较少，基因研究通常是通过改变遗传物质表达进行的。据报道，溶藻过程中的溶藻物质对藻细胞相关关键功能基因具有调节的作用。Yu 等发现并分离了一株放线菌 *Streptomyces amritsarensis* HG-16，HG-16 结合铜绿微囊藻形成絮凝体，通过释放稳定化合物发挥活性。同时，还发现对光合作用相关基因 *psbA1*、*psbD1*、*rbcL*、*recA* 和 PSⅡ 修复相关基因 *ftsH* 的表达有强烈影响。*psbA1* 和 *psbD1* 的转录变化可能导致电子传递链的中断，最终影响 CO_2 的固定过程。此外，还发现溶藻物质还会对藻细胞蛋白质的合成造成影响。因此，基因表达和蛋白质合成方面的研究也将有助于对溶藻机制更深入地理解，是今后研究菌株溶藻机制的一个新方向。

　　（3）溶藻菌对环境中有害藻类的控制　虽然有限数量的实验室共培养实验证明了溶藻菌控制有害藻类的潜力，但这些实验通常都是在高度受控的人工条件下将单一藻细胞与单一菌株或者上清液共培养进行的。目前，由于不同的菌株对环境适应的差异性很大，因此仍无法在水体中大规模应用微生物来控藻。此外，实验室培养中通常使用的细胞密度远远超过环境中的细胞密度，且溶藻化合物的效率也取决于各种因素，如溶藻物质的浓度、对藻细胞的作用模式、目标藻类、水质的变化、土著细菌群落、湖泊属性等。因此，在与实验室培养实验不同的条件下进行现场实验来确定溶藻活性是非常有必要的。

参考文献

[1]　Dou M，Ma X，Zhang Y，et al. Modeling the interaction of light and nutrients as factors driving lake eutrophication. Ecological Modelling，2019，400：41-52.

[2]　Longley K R，Huang W，Clark C，et al. Effects of nutrient load from St. Jones River on water quality and eutrophication in Lake George，Florida. Limnologica，2019，77：125687.

[3]　赵思琪，范垚城，代嫣然，等. 水体富营养化改善过程中浮游植物群落对非生物环境因子的响应：

以武汉东湖为例. 湖泊科学, 2019, 31 (05), 1310-1319.

[4] 董静, 高云霓, 李根保. 淡水湖泊浮游藻类对富营养化和气候变暖的响应. 水生生物学报, 2016, 40 (03), 615-623.

[5] 王朝晖, 林少君, 韩博平, 等. 广东省典型大中型供水水库和湖泊微囊藻毒素分布. 水生生物学报, 2007, 31 (3): 307-311.

[6] 叶冠琛, 王一如, 徐立红. 微囊藻毒素对多种靶器官的毒性作用研究进展. 中国细胞生物学学报, 2019, 41 (06): 1193-1200.

[7] 易细平, 文聪, 黄飞羽, 等. 微囊藻毒素对人群消化系统健康影响的流行病学研究进展. 环境与职业医学, 2019, 36 (09): 879-883.

[8] Mutoti M, Gumbo J, Jideani A I O. Occurrence of cyanobacteria in water used for food production: A review. Physics and Chemistry of the Earth, Parts A/B/C, 2022, 125: 103101.

[9] Sandrini G, Piel T, Xu T, et al. Sensitivity to hydrogen peroxide of the bloom-forming cyanobacterium Microcystis PCC 7806 depends on nutrient availability. Harmful Algae, 2020, 99: 101916.

[10] 曾予昳. 直接溶藻链霉菌 Streptomyces sp. G9 的溶藻特性与作用机制的探索. 重庆: 西南大学, 2020.

[11] Yang L, Sen P, Zhao X, et al. Development of a two-dimensional eutrophication model in an urban lake (China) and the application of uncertainty analysis. Ecological Modelling, 2017, 345: 63-74.

[12] Rast W, Thornton J A. Trends in eutrophication research and control. Hydrological Processes, 1996, 10 (2): 295-313.

[13] Xu F, Yang Z F, Chen B, et al. Development of a structurally dynamic model for ecosystem health prognosis of Baiyangdian Lake, China. Ecological Indicators, 2013, 29: 398-410.

[14] Wang H, Wang H. Mitigation of Lake Eutrophication: Loosen Nitrogen Control and Focus on Phosphorus Abatement. Progress in Natural Science, 2009, 19 (10): 1445-1451.

[15] Birch S, McCaskie J. Shallow urban lakes: a challenge for lake management. Hydrobiologia, 1999, 395 (0): 365-378.

[16] Liu H X, Gopalakrishnan S, Browning D, Sivandran G. Valuing water quality change using a coupled economic-hydrological model. Ecological Economics, 2019, 161: 32-40.

[17] 刘聚涛, 杨永生, 高俊峰, 等. 太湖蓝藻水华灾害灾情评估方法初探. 湖泊科学, 2011, 23 (03): 334-338.

[18] Sha J, Xiong H, Li C, et al. Harmful algal blooms and their eco-environmental indication. Chemosphere, 2021, 274: 129912.

[19] Zerrifi S E A, El Khalloufi F, Oudra B, et al. Seaweed Bioactive Compounds against Pathogens and Microalgae: Potential Uses on Pharmacology and Harmful Algae Bloom Control. Marine Drugs, 2018, 16 (2): 55.

[20] Sun R, Sun P, Zhang J, et al. Microorganisms-based methods for harmful algal blooms control: A review. Bioresource Technology, 2018, 248: 12-20.

[21] Durand P M, Choudhury R, Rashidi A, et al. Programmed death in a unicellular organism has spe-

cies-specific fitness effects. Biology Letters，2014，10（2）：20131088.

［22］ Kong Y，Wang Q，Chen Y，et al. Anticyanobacterial process and action mechanism of *Streptomyces* sp. HJC-D1 on Microcystis aeruginosa. Environmental Progress & Sustainable Energy，2020，39（4）：13392.

［23］ Li D，Kang X，Chu L，et al. Algicidal mechanism of Raoultella ornithinolytica against Microcystis aeruginosa：Antioxidant response，photosynthetic system damage and microcystin degradation. Environmental Pollution，2021，287：117644.

［24］ T-Krasznai E，Török P，Borics G，et al. Functional dynamics of phytoplankton assemblages in hypertrophic lakes：Functional-and species diversity is highly resistant to cyanobacterial blooms. Ecological Indicators，2022，145：109583.

［25］ Welch E，Michaud J，Perkins M. Alum Control of Internal Phosphorus Loading in a Shallow Lake. JAWRA Journal of the American Water Resources Association，2007，18：929-936.

［26］ Moustaka-Gouni M，Sommer U. Effects of Harmful Blooms of Large-Sized and Colonial Cyanobacteria on Aquatic Food Webs. Water，2020，12：1587.

［27］ Major Y，Kifle D，Niedrist G，et al. An isotopic analysis of the phytoplankton-zooplankton link in a highly eutrophic tropical reservoir dominated by cyanobacteria. Journal of Plankton Research，2017，39：220-231.

［28］ Engstrom-Ost J，Autio R，Setala O，et al. Plankton community dynamics during decay of a cyanobacteria bloom：a mesocosm experiment. Hydrobiologia，2013，701（1）：25-35.

［29］ Cavalcante K P，Cardoso L d S，Sussella R，et al. Towards a comprehension of Ceratium（Dinophyceae）invasion in Brazilian freshwaters：autecology of C. furcoides in subtropical reservoirs. Hydrobiologia，2016，771（1）：265-280.

［30］ Escalas A，Catherine A，Maloufi S，et al. Drivers and ecological consequences of dominance in periurban phytoplankton communities using networks approaches. Water Res，2019，163：114893.

［31］ Liu F，Zhu S，Qin L，et al. Isolation，identification of algicidal bacteria and contrastive study on algicidal properties against Microcystis aeruginosa. Biochemical Engineering Journal，2022，185：108525.

［32］ 胡春霞，陈波，张庭廷. 稻草秸秆发酵液的抑藻效应及其机理. 中国环境科学，2021，41（04）：1925-1931.

［33］ Le V V，Ko S R，Kang M，et al. Algicide capacity of Paucibacter aquatile DH15 on *Microcystis aeruginosa* by attachment and non-attachment effects. Environ Pollut，2022，302：119079.

［34］ Le V V，Srivastava A，Ko S R，et al. Microcystis colony formation：Extracellular polymeric substance，associated microorganisms，and its application. Bioresour Technol，2022，360：127610.

［35］ Phankhajon K，Somdee A，Somdee T. Algicidal activity of an actinomycete strain，Streptomyces rameus，against Microcystis aeruginosa. Water Sci Technol，2016，74（6）：1398-1408.

［36］ Harke M J，Steffen M M，Gobler C J，et al. A review of the global ecology，genomics，and biogeography of the toxic cyanobacterium，*Microcystis* spp. Harmful Algae，2016，54：4-20.

[37] Mello F D，Braidy N，Marcal H，et al．Mechanisms and Effects Posed by Neurotoxic Products of Cyanobacteria/Microbial Eukaryotes/Dinoflagellates in Algae Blooms：a Review．Neurotox Res，2018，33（1）：153-167．

[38] Paerl H W，Paul V J．Climate change：Links to global expansion of harmful cyanobacteria．Water Research，2012，46（5）：1349-1363．

[39] Ni W，Zhang J，Ding T，et al．Environmental factors regulating cyanobacteria dominance and microcystin production in a subtropical lake within the Taihu watershed，China．Journal of Zhejiang University SCIENCE A，2012，13（4）：311-322．

[40] Chen F，Song X，Hu Y，et al．Water quality improvement and phytoplankton response in the drinking water source in Meiliang Bay of Lake Taihu，China．Ecological Engineering，2009，35（11）：1637-1645．

[41] Newsted J L．Effect of light，temperature，and pH on the accumulation of phenol by Selenastrum capricornutum，a green alga．Ecotoxicology and Environmental Safety，2004，59（2）：237-243．

[42] Griffith A W，Gobler C J．Harmful algal blooms：A climate change co-stressor in marine and freshwater ecosystems．Harmful Algae，2020，91：101590．

[43] Tong Y D，Xu X W，Qi M，et al．Lake warming intensifies the seasonal pattern of internal nutrient cycling in the eutrophic lake and potential iMPacts on algal blooms．Water Research，2021，188：116570．

[44] Korneva L G，Mineeva N M．Phytoplankton composition and pigment concentrations as indicators of water quality in the Rybinsk reservoir．Hydrobiologia，1996，322（1）：255-259．

[45] Pinto U，Maheshwari B L，Morris E C．Understanding the relationships among phytoplankton，benthic macroinvertebrates，and water quality variables in peri-urban river systems．Water Environment Research，2014，86（12）：2279-2293．

[46] Stoermer E F．Phytoplankton Assemblages as Indicators of Water Quality in the Laurentian Great Lakes．Transactions of the American Microscopical Society，1978，97：2．

[47] Drábková M，Matthijs H C P，Admiraal W，et al．Selective effects of H_2O_2 on cyanobacterial photosynthesis．Photosynthetica，2007，45（3）：363-369．

[48] 刘璐，闫浩，夏文彤，等．镉对铜绿微囊藻和斜生栅藻的毒性效应．中国环境科学，2014，34（02）：478-484．

[49] 朱术超，刘滨扬，陈本亮，等．3种药物及个人护理品对斜生栅藻生长及光系统Ⅱ的影响．中山大学学报（自然科学版），2014，53（01）：121-126，134．

[50] Daly R I，Ho L，Brookes J D．Effect of chlorination on Microcystis aeruginosa cell integrity and subsequent microcystin release and degradation．Environmental science &amp；technology，2007，41（12）：4447-4453．

[51] 任晶．UV/H_2O_2 对铜绿微囊藻抑制特性及其对微囊藻毒素降解机理研究．上海：复旦大学，2011．

[52] Huo S，Kong M，Zhu F，et al．Co-culture of Chlorella and wastewater-borne bacteria in vinegar

production wastewater：Enhancement of nutrients removal and influence of algal biomass generation. Algal Research，2020，45：101744.

[53]　曾莎莎，梁延鹏，覃礼堂，等. 有机磷农药对蛋白核小球藻的毒性相互作用研究. 生态毒理学报，2019，14（04）：121-129.

[54]　朱中强，何雪，薛梦婷，等. 小球藻生长及协同净化畜禽养殖废水研究. 中南大学学报（自然科学版），2019，50（08）：1795-1801.

[55]　Dickman E M，Newell J M，González M J，et al. Light，nutrients，and food-chain length constrain planktonic energy transfer efficiency across multiple trophic levels. Proceedings of the National Academy of Sciences，2008，105（47）：18408-18412.

[56]　Sidik M J，Rashed-Un-Nabi M，Azharul Hoque M. Distribution of phytoplankton community in relation to environmental parameters in cage culture area of Sepanggar Bay，Sabah，Malaysia. Estuarine，Coastal and Shelf Science，2008，80（2）：251-260.

[57]　Falkowski P G. The role of phytoplankton photosynthesis in global biogeochemical cycles. Photosynth Res，1994，39（3）：235-258.

[58]　王寿兵，徐紫然，马小雪，等. Cu^{2+} 对铜绿微囊藻生长及叶绿素荧光主要参数的影响研究. 中国环境科学，2016，36（12）：3759-3765.

[59]　Yang J，Jiang H，Liu W，et al. Benthic Algal Community Structures and Their Response to Geographic Distance and Environmental Variables in the Qinghai-Tibetan Lakes With Different Salinity. Frontiers in Microbiology，2018，9：578.

[60]　Barberan A，Bates S T，Casamayor E O，et al. Using network analysis to explore co-occurrence patterns in soil microbial communities. ISME J，2012，6（2），343-351.

[61]　Echeveste P，Silva J C，Lombardi A T. Cu and Cd affect distinctly the physiology of a cosmopolitan tropical freshwater phytoplankton. Ecotoxicol Environ Saf，2017，143：228-235.

[62]　Svirčev Z，Lalić D，Bojadžija Savič G，et al. Global geographical and historical overview of cyanotoxin distribution and cyanobacterial poisonings. Archives of Toxicology，2019，93（9）：2429-2481.

[63]　Sun F，Juqin S，Juan W，et al. Quantitative Study on Effects of the Blue-green Algae Event in Taihu Lake on Environment in Suzhou，Wuxi and Changzhou City. Journal of Applied Sciences，2013，13，2715-2719.

[64]　Robarts R D，Zohary T. Temperature effects on photosynthetic capacity，respiration，and growth rates of bloom-forming cyanobacteria. New Zealand Journal of Marine and Freshwater Research，1987，21：391-399.

[65]　Schagerl M，Oduor S O. Phytoplankton community relationship to environmental variables in three Kenyan Rift Valley saline-alkaline lakes. Marine and Freshwater Research，2008，59：125-136.

[66]　Sommer U，Gliwicz Z，Lampert W，et al. The PEG-model of seasonal succession of planktonic events in fresh waters. Archiv. Fur Hydrobiologie，1986，106：433-471.

[67]　Wang X，Lu Y，He G，et al. Exploration of relationships between phytoplankton biomass and

related environmental variables using multivariate statistic analysis in a eutrophic shallow lake：a 5-year study．J Environ Sci（China），2007，19（8）：920-927.

[68] Rosinska J，Kozak A，Dondajewska R，et al．Cyanobacteria blooms before and during the restoration process of a shallow urban lake．J Environ Manage，2017，198（Pt 1）：340-347.

[69] Capo E，Debroas D，Arnaud F，et al．Tracking a century of changes in microbial eukaryotic diversity in lakes driven by nutrient enrichment and climate warming．Environ Microbiol，2017，19（7）：2873-2892.

[70] Hammer U T．The succession of "bloom" species of blue-green algae and some causal factors．SIL Proceedings，1964，15（2）：829-836.

[71] Paerl H，Huisman J．Blooms Like It Hot．Science（New York），2008，320：57-58.

[72] 许海，陈洁，朱广伟，等．水体氮、磷营养盐水平对蓝藻优势形成的影响．湖泊科学，2019，31（05）：1239-1247.

[73] Jensen J，Jeppesen E，Olrik K，et al．IMPact of Nutrients and Physical Factors on the Shift from Cyanobacterial to Chlorophyte Dominance in Shallow Danish Lakes．Canadian Journal of Fisheries and Aquatic Sciences，1994，51：1692-1699.

[74] Hodgkiss I J，Ho K C．Are changes in N：P ratios in coastal waters the key to increased red tide blooms? Hydrobiologia，1997，352：141-147.

[75] Chen Y，Qin B，Teubner K，et al．Long-term dynamics of phytoplankton assemblages：Microcystis-domination in Lake Taihu, a large shallow lake in China．Journal of Plankton Research，2003，25：445-453.

[76] Özkundakci D，Duggan I C，Hamilton D P．Does sediment capping have post-application effects on zooplankton and phytoplankton? Hydrobiologia，2011，661（1）：55-64.

[77] Smith V H．Low nitrogen to phosphorus ratios favor dominance by blue-green algae in lake phytoplankton．Science，1983，221（4611）：669-671.

[78] Xie L，Xie P，Li S，et al．The low TN：TP ratio, a cause or a result of Microcystis blooms? Water Research，2003，37（9）：2073-2080.

[79] 许海，朱广伟，秦伯强，等．氮磷比对水华蓝藻优势形成的影响．中国环境科学，2011，31（10）：1676-1683.

[80] Fu H，Chen L，Ge Y，et al．Linking human activities and global climatic oscillation to phytoplankton dynamics in a subtropical lake．Water Res，2022，208：117866.

[81] Chen S，He H，Zong R，et al．Geographical Patterns of Algal Communities Associated with Different Urban Lakes in China．Int J Environ Res Public Health，2020，17（3）：1009.

[82] Ma B，Wang H，Dsouza M，et al．Geographic patterns of co-occurrence network topological features for soil microbiota at continental scale in eastern China．ISME J，2016，10（8）：1891-1901.

[83] 彭谦．陕西省水资源开发利用的问题与对策．水利发展研究，2001，（02）：6-7，12.

[84] 龙文玲．司马相如《上林赋》、《大人赋》作年考辨．江汉论坛，2007，（02）：98-101.

[85] Zhao H，Wang Y，Yang L，et al．Relationship between phytoplankton and environmental factors in

landscape water supplemented with reclaimed water. Ecological Indicators, 2015, 58: 113-121.

[86] 李畅, 秦华鹏, 张盈盈, 等. 不同季节中水回用于景观水体的藻类增长模拟. 环境科学与技术, 2011, 34 (05): 47-51.

[87] Jing Y S, Jing Z H, Hu J Y, et al. Meteorological Conditions Influences on the Variability of Algae Bloom in Taihu Lake and its Risk Prediction. Applied Mechanics and Materials, 2013, 253-255: 935-938.

[88] Yang Q. Algal bloom in Taihu Lake and its control. Journal of Lake Sciences, 1996, 8 (1): 67-74.

[89] 姚蓉. 陕南水源地生态发展对策探讨. 新西部, 2017, (11): 26-27.

[90] 周绪申, 李慧峰, 罗阳, 等. 应用不同材料过滤去除海河蓝藻水华研究. 环境科技, 2012, 25 (06): 5-8.

[91] Sakai H, Oguma K, Katayama H, et al. Effects of low or medium-pressure UV irradiation on the release of intracellular microcystin. Water Research, 2007, 41 (15): 3458-3464.

[92] Liu C, Shen Q, Zhou Q, et al. Precontrol of algae-induced black blooms through sediment dredging at appropriate depth in a typical eutrophic shallow lake. Ecological engineering, 2015, 77: 139-145.

[93] Park J, Son Y, Lee W H. Variation of efficiencies and limits of ultrasonication for practical algal bloom control in fields. Ultrasonics sonochemistry, 2019, 55: 8-17.

[94] 王琪. 滇池水华过程中的菌群响应及溶藻菌 *Bacillus siamensis* Sp37 的溶藻特性研究. 重庆: 西南大学, 2019.

[95] 赵志红, 李亚妮, 廖婧璇. 洱海蓝藻水华应急控制措施及机械除藻效果初探. 环境科学导刊, 2018, 37 (02): 33-35.

[96] Li S, Tao Y, Zhan X M, et al. UV-C irradiation for harmful algal blooms control: A literature review on effectiveness, mechanisms, influencing factors and facilities. Sci Total Environ, 2020, 723: 137986.

[97] 穆祥艳, 黄慧, 张发杰. 蓝藻水华防治技术研究综述. 环境工程, 2013, 31 (S1): 83-85.

[98] Huang Y, Li H, Wei X, et al. The effect of low frequency ultrasonic treatment on the release of extracellular organic matter of Microcystis aeruginosa. Chemical Engineering Journal, 2020, 383: 123141.

[99] Huang Y, Zhang W, Li L, et al. Evaluation of ultrasound as a preventative algae-controlling strategy: Degradation behaviors and character variations of algal organic matter components during sonication at different frequency ranges. Chemical Engineering Journal, 2021, 426: 130891.

[100] 翟振起, 黄廷林, 陈凡. 扬水曝气技术在调水型水库水质改善中的应用. 中国给水排水, 2022, 38 (08): 31-37.

[101] Zhao L, Li N, Huang T, et al. Effects of artificially induced complete mixing on dissolved organic matter in a stratified source water reservoir. J Environ Sci (China), 2022, 111: 130-140.

[102] 史小丽, 杨瑾晟, 陈开宁, 等. 湖泊蓝藻水华防控方法综述. 湖泊科学, 2022, 34 (02): 349-375.

[103] 丛海兵，黄廷林，缪晶广，等. 扬水曝气器的水质改善功能及提水、充氧性能研究. 环境工程学报，2007（01）：7-13.

[104] 丛海兵，黄廷林，赵建伟，等. 扬水曝气技术在水源水质改善中的应用. 环境污染与防治，2006，（03）：215-218.

[105] 巨拓，黄廷林，马卫星，等. 稳定分层水库水质的季节性变化特征及扬水曝气水质改善. 湖泊科学，2015，27（05）：819-828.

[106] Becker A，Herschel A，Wilhelm C. Biological Effects of Incomplete Destratification of Hypertrophic Freshwater Reservoir. Hydrobiologia，2006，559（1）：85-100.

[107] Lehman J T. Understanding the role of induced mixing for management of nuisance algal blooms in an urbanized reservoir. Lake and Reservoir Management，2014，30（1）：63-71.

[108] Sahoo Goloka B，Luketina D. Response of a Tropical Reservoir to Bubbler Destratification. Journal of Environmental Engineering，2006，132（7）：736-746.

[109] 马越，黄廷林，丛海兵，等. 扬水曝气技术在河道型深水水库水质原位修复中的应用. 给水排水，2012，48（04）：7-13.

[110] Zhang H，Yan M，Huang T，et al. Water-lifting aerator reduces algal growth in stratified drinking water reservoir：Novel insights into algal metabolic profiling and engineering applications. Environmental Pollution，2020，266：115384.

[111] Visser P M，Ibelings B W，Bormans M，et al. Artificial mixing to control cyanobacterial blooms：a review. Aquatic Ecology，2016，50：423-441.

[112] Burris V L，Little J C. Bubble dynamics and oxygen transfer in a hypolimnetic aerator. Water Science and Technology，1998，37（2）：293-300.

[113] Lindenschmidt K E，Hamblin P F. Hypolimnetic aeration in Lake Tegel，Berlin. Water Research，1997，31（7）：1619-1628.

[114] Simmons J. Algal control and destratification at Hanningfield reservoir. Water Science and Technology，1998，37（2）：309-316.

[115] 黄廷林，朱倩，邱晓鹏，等. 扬水曝气技术对周村水库藻类的控制. 环境工程学报，2017，11（04）：2255-2260.

[116] Heo W M，Kim B. The Effect of Artificial Destratification on Phytoplankton in a Reservoir. Hydrobiologia，2004，524（1）：229-239.

[117] 孙昕，许岩，王雪，等. 分层水库水深对扬水曝气原位控藻效果的影响. 环境科学学报，2014，34（05）：1166-1172.

[118] Antenucci J P，Ghadouani A，Burford M A. et al. The long-term effect of artificial destratification on phytoplankton species composition in a subtropical reservoir. Freshwater Biology，2005，50（6）：1081-1093.

[119] Tsukada H，Tsujimura S，Nakahara H. Seasonal succession of phytoplankton in Lake Yogo over 2 years：effect of artificial manipulation. Limnology，2006，7（1）：3-14.

[120] Oberholster P，Botha A-M，Cloete T. Toxic cyanobacterial blooms in a shallow，artificially mixed

urban lake in Colorado, USA. Lakes & Reservoirs: Research & Management, 2006, 11: 111-123.

[121] Cong H, Huang T, Chai B, et al. A new mixing-oxygenating technology for water quality improvement of urban water source and its implication in a reservoir. Renewable Energy, 2009, 34 (9): 2054-2060.

[122] 黄廷林, 李建军. 扬水曝气技术对汾河水库原水水质的改善. 供水技术, 2007 (04): 13-16.

[123] Cong H, Huang T, Chai B. Research on applying a water-lifting aerator to inhibit the growth of algae in a source-water reservoir. Int. J. of Environment and Pollution, 2011, 45: 166-175.

[124] 缪柳, 洪俊明, 林冰. 络合硫酸铜除藻剂应急治理水华对水质及鱼类的影响. 生态与农村环境学报, 2011, 27 (05): 63-66.

[125] Matthijs H C P, Visser P M, Reeze B, et al. Selective suppression of harmful cyanobacteria in an entire lake with hydrogen peroxide. Water Research, 2012, 46 (5): 1460-1472.

[126] Fan J, Ho L, Hobson P, et al. Evaluating the effectiveness of copper sulphate, chlorine, potassium permanganate, hydrogen peroxide and ozone on cyanobacterial cell integrity. Water Research, 2013, 47 (14): 5153-5164.

[127] 刘洁生, 杨维东, 张珩, 等. 二氧化氯对球形棕囊藻叶绿素 a、蛋白质、DNA 含量的影响. 热带亚热带植物学报, 2006, (05): 427-432.

[128] Coral L A, Zamyadi A, Barbeau B, et al. Oxidation of Microcystis aeruginosa and Anabaena flos-aquae by ozone: IMPacts on cell integrity and chlorination by-product formation. Water Research, 2013, 47 (9): 2983-2994.

[129] Garcia-Villada L, Rico M, Altamirano M M, et al. Occurrence of copper resistant mutants in the toxic cyanobacteria Microcystis aeruginosa: characterisation and future implications in the use of copper sulphate as algaecide. Water Research, 2004, 38 (8): 2207-2213.

[130] Iwinski K J, Rodgers Jr J H, Kinley C M, et al. Influence of $CuSO_4$ and chelated copper algaecide exposures on biodegradation of microcystin-LR. Chemosphere, 2017, 174: 538-544.

[131] Tsai K -P, Uzun H, Chen H, et al. Control wildfire-induced *Microcystis aeruginosa* blooms by copper sulfate: Trade-offs between reducing algal organic matter and promoting disinfection byproduct formation. Water Research, 2019, 158: 227-236.

[132] 卢露. 一株溶藻肠杆菌的分离鉴定、溶藻特性及溶藻机理研究. 广州: 华南理工大学, 2021.

[133] Xiong J, Liu Y, Lin X, et al. Geographic distance and pH drive bacterial distribution in alkaline lake sediments across Tibetan Plateau. Environmental Microbiology, 2012, 14 (9): 2457-2466.

[134] 董正臻, 董振芳, 丁德文, 等. 过氧化氢对两种海洋微藻的毒性效应研究. 海洋科学进展, 2004, (03): 320-327.

[135] Latifi A, Ruiz M, Zhang C. Oxidative stress in cyanobacteria. FEMS microbiology reviews, 2009, 33 (2): 258-278.

[136] 景江, 周明, 汪星, 等. H_2O_2 与 UV-C 灭藻的协同效果研究及工程实验. 环境科学研究, 2006, (06): 59-63.

[137] Chen C，Yang Z，Kong F，et al. Growth，physiochemical and antioxidant responses of overwintering benthic cyanobacteria to hydrogen peroxide. Environ Pollut，2016，219：649-655.

[138] 李娟，王应军，高鹏. 过氧化氢对铜绿微囊藻的损伤效应研究. 环境科学学报，2015，35（04）：1183-1189.

[139] Barrington D J，Ghadouani A. Application of hydrogen peroxide for the removal of toxic cyanobacteria and other phytoplankton from wastewater. Environmental science & technology，2008，42（23）：8916-8921.

[140] Wang C，Chu J，Fu L，et al. iTRAQ-based quantitative proteomics reveals the biochemical mechanism of cold stress adaption of razor clam during controlled freezing-point storage. Food Chemistry，2018，247：73-80.

[141] Jin Y，Fan X，Li X，et al. Distinct physiological and molecular responses in Arabidopsis thaliana exposed to aluminum oxide nanoparticles and ionic aluminum. Environmental Pollution，2017，228：517-527.

[142] Ahmed W. RNA-seq resolving host-pathogen interactions：Advances and applications. Ecological Genetics and Genomics，2020，15：100057.

[143] Sun L，Yang H，Chen M，et al. RNA-Seq reveals dynamic changes of gene expression in key stages of intestine regeneration in the sea cucumber Apostichopus japonicus. PLOS ONE，2013，8（8）：e69441.

[144] 田金虎，郑明刚，郑立，等. 海洋微拟球藻转录组在指数期和平台期的差异分析. 中国海洋大学学报（自然科学版），2013，43（08）：54-59.

[145] Yu Z，Zhang T，Zhu Y. Whole-genome re-sequencing and transcriptome reveal cadmium tolerance related genes and pathways in Chlamydomonas reinhardtii. Ecotoxicology and Environmental Safety，2020，191：110231.

[146] Ahsan N，Renaut J，Komatsu S. Recent developments in the application of proteomics to the analysis of plant responses to heavy metals. Proteomics，2009，9（10）：2602-2621.

[147] Huebner F，Arendt E K. Germination of Cereal Grains as a Way to Improve the Nutritional Value：A Review. Critical Reviews in Food Science and Nutrition，2013，53（8）：853-861.

[148] Zhu X，Liao J，Xia X，et al. Physiological and iTRAQ-based proteomic analyses reveal the function of exogenous γ-aminobutyric acid (GABA) in improving tea plant (Camellia sinensis L.) tolerance at cold temperature. MBC Plant Biol，2019，19（1）：43.

[149] Kaur S，Srivastava A，Kumar S，et al. Biochemical and proteomic analysis reveals oxidative stress tolerance strategies of Scenedesmus abundans against allelochemicals released by Microcystis aeruginosa. Algal Research-Biomass Biofuels and Bioproducts，2019，41：101525.

[150] Xu H，Brookes J，Hobson P，et al. IMPact of copper sulphate, potassium permanganate, and hydrogen peroxide on *Pseudanabaena galeata* cell integrity，release and degradation of 2-methylisoborneol. Water Res，2019，157：64-73.

[151] Dia S，Alameddine I，El-Fadel M. Quantifying the efficacy of diquat dibromide in controlling

Microcystis aeruginosa and Aphanizomenon flos-aquae in coMParison to copper sulfate and potassium permanganate. Environmental Science: Water Research & Technology, 2018, 5: 140-151.

[152] 赵小丽，宋立荣，张小明. 硫酸铜控藻对浮游植物群落的影响. 水生生物学报，2009, 33 (04)：596-602.

[153] Wu Z, Gan N, Huang Q, et al. Response of microcystis to copper stress: do phenotypes of microcystis make a difference in stress tolerance? Environ Pollut, 2007, 147 (2): 324-330.

[154] Qian H, Yu S, Sun Z, et al. Effects of copper sulfate, hydrogen peroxide and N-phenyl-2-naphthylamine on oxidative stress and the expression of genes involved photosynthesis and microcystin disposition in Microcystis aeruginosa. Aquatic Toxicology, 2010, 99 (3): 405-412.

[155] Han B, Yan Q, Xin Z, et al. Engineering amino-mediated copper nanoclusters with dual emission and assembly-to-monodispersion switching by pH-triggered surface modulation. New Journal of Chemistry, 2021, 45 (30): 13262-13265.

[156] Zhou S, Shao Y, Gao N, et al. Effects of different algaecides on the photosynthetic capacity, cell integrity and microcystin-LR release of Microcystis aeruginosa. Science of the Total Environment, 2013, 463-464: 111-119.

[157] Fan G, Hong L, Zheng X, et al. Growth inhibition of Microcystic aeruginosa by Metal-organic frameworks: effect of variety, metal ion and organic ligand. RSC Advances, 2018, 8 (61): 35314-35326.

[158] Ebenezer V, Lim W A, Ki J -S. Effects of the algicides CuSO$_4$ and NaOCl on various physiological parameters in the harmful dinoflagellate Cochlodinium polykrikoides. Journal of Applied Phycology, 2014, 26 (6): 2357-2365.

[159] Guo R, Wang H, Suh Y S, et al. Transcriptomic profiles reveal the genome-wide responses of the harmful dinoflagellate Cochlodinium polykrikoides when exposed to the algicide copper sulfate. BMC Genomics, 2016, 17: 29.

[160] Wang T, Hu Y, Zhu M, et al. Integrated transcriptome and physiology analysis of Microcystis aeruginosa after exposure to copper sulfate. Journal of Oceanology and Limnology, 2020, 38 (1): 102-113.

[161] 李保全，陈雪. 蓝藻水华的危害及生物除藻方法简述. 南方农业，2015, 9 (06): 187, 189.

[162] 吴为中，芮克俭，刘永. 大麦秆控藻研究进展. 生态环境，2005, (06): 972-975.

[163] 刘新尧，石苗，廖永红，等. 食藻原生动物及其在治理蓝藻水华中的应用前景. 水生生物学报，2005, (04): 456-461.

[164] Zhang H, Lv J, Peng Y, et al. Cell death in a harmful algal bloom causing species Alexandrium tamarense upon an algicidal bacterium induction. Applied Microbiology and Biotechnology, 2014, 98 (18): 7949-7958.

[165] Jung S W, Kim B H, Katano T, et al. Pseudomonas fluorescens HYK0210-SK09 offers species-specific biological control of winter algal blooms caused by freshwater diatom Stephanodiscus hantzschii. Journal of Applied Microbiology, 2008, 105 (1): 186-195.

[166] 王素钦，罗丛强，朱晓漫，等. 高效溶藻放线菌 LW9 的分离鉴定及其溶藻特性. 武汉大学学报（理学版），2021，067（001）：93-102.

[167] 轩换玲. 铜绿微囊藻溶藻菌的分离鉴定、溶藻特性及溶藻机制研究. 重庆：西南大学，2017.

[168] 傅丽君，安新丽，郑天凌. 环境中放线菌及其抑藻活性物质研究的若干进展. 地球科学进展，2010（9）：960-965.

[169] Coyne K J，Wang Y，Johnson G. Algicidal Bacteria：A Review of Current Knowledge and Applications to Control Harmful Algal Blooms. Frontiers in Microbiology，2022，13：871177.

[170] 于燕. 多功能溶藻链霉菌的分离及其对铜绿微囊藻溶藻特性的研究. 重庆：西南大学，2019.

[171] Yu Y，Zeng Y，Li J，et al. An algicidal *Streptomyces amritsarensis* strain against *Microcystis aeruginosa* strongly inhibits microcystin synthesis simultaneously. Sci Total Environ，2019，650 (Pt 1)：34-43.

[172] 叶益华，杨旭楠，胡文哲，等. 溶藻细菌的功能多样性及其菌剂应用. 微生物学报，2022，62 (04)：1171-1189.

[173] Yamamoto K，King P M，Wu X，et al. Effect of ultrasonic frequency and power on the disruption of algal cells. Ultrasonics Sonochemistry，2015，24：165-171.

[174] 李衍庆. 李家河水库藻类季节变化及扬水曝气系统控藻效果研究. 西安：西安建筑科技大学，2020.

[175] Lürling M，Faassen E J. Controlling toxic cyanobacteria：effects of dredging and phosphorus-binding clay on cyanobacteria and microcystins. Water Research，2012，46：1447-1459.

[176] 黄秀文. 给水厂气浮除藻工艺设计经验. 广东化工，2020，47（24）：115-116.

[177] 方雨博，王趁义，汤唯唯，等. 除藻技术的优缺点比较、应用现状与新技术进展. 工业水处理，2020，40（09）：1-6.

[178] 宋敏. 水源地湖库区生物控藻技术探讨. 科技与创新，2020（14）：3.

第2章
黄河流域陕西段湖泊藻类种群结构

2.1 不同城市内湖水体藻类种群结构的生态地理格局

中国城镇的分布空间为从东至西，由密集到稀疏。为了比较我国不同地区城市内湖的藻类群落结构组成，本研究选取了来自不同省、自治区和直辖市（包括陕西、四川、河南、江苏、浙江、江西、云南和广东等省，内蒙古和宁夏等自治区，上海和北京等直辖市）的 16 个城市内湖作为研究对象。其地理位置的经纬度范围分别为 25°04′10″N～39°56′48″N 和 121°25′23″E～102°42′53″E。16 个城市内湖分别为铁西公园（TX）、星海积水湖（XHH）、金源地（JJ）、长乐公园（CL）、香山湖（XS）、艾溪湖（AX）、回龙山水库（HLS）、高铁公园（GT）、金沙湖（JS）、西流湖（XL）、紫竹院公园（ZZY）、龟龙湖（GL）、诸翟公园（ZZ）、中山公园（ZS）、西湖（WL）和玉女湖（YN）。

2.1.1 样品采集

采样于 2018 年 10 月进行，从 16 个城市内湖中选取三个不同采样点（$n=3$），使用消毒的聚丙烯容器（中国康宁）从水面表层（0.5～1.0m）采集水样，均按照标准采样方法进行。将所有样品瓶储存在冷却器（8℃）中，并在24h内转移到西安建筑科技大学环境微生物技术实验室。水样一部分用于确定水的物理化学特性和藻类细胞密度，另一部分用于研究藻类形态和群落结构多样性。

2.1.2　实验方法

（1）水质理化参数的测定　为确定城市内湖的水质理化参数，测定了pH值、亚硝酸盐氮（$NO_2^- $-N）、硝酸盐氮（$NO_3^-$-N）、氨氮（$NH_4^+$-N）、总氮（TN）、总磷（TP）、总有机碳（TOC）、高锰酸盐指数（COD_{Mn}）、铁（Fe）和锰（Mn）的浓度。pH值使用pH计测量，NO_2^--N、NO_3^--N、NH_4^+-N、TN和TP的浓度采用流动分析仪测定。COD_{Mn}使用ICP-MS测定。TOC由TOC分析仪测定。铁和锰的浓度采用原子吸收分光光度计测定。每次实验测定三组平行样（$n=3$）。

（2）藻类细胞密度的测定　为了测定藻类细胞密度，取500mL混匀水样，将水样通过$0.45\mu m$聚碳酸酯膜（直径47mm，美国）过滤，定容到10mL，并向离心管中加入1%鲁氏碘液进行固定。取$100\mu L$浓缩藻溶液在显微镜（BX51，日本奥林巴斯）下进行藻类细胞计数和水体中藻类密度估算，并根据标准方法，将藻类鉴定到门和属水平，每次实验测定三个平行样（$n=3$）。为了进一步确定藻类形态的多样性，取上述$100\mu L$藻浓缩液，将其滴在载玻片上，然后在光学显微镜（50I，尼康，日本）400倍下拍照。

（3）数据统计分析　使用数据分析软件SPSS（SPSS Inc，Chicago，IL，USA）对不同城市内湖的水质参数和藻类细胞密度进行基于post hoc Tukey's HSD检验的单因素方差分析（One-Way ANOVA）。使用数据分析软件Circos对16个不同城市内湖藻类门水平的分布进行可视化。使用R软件绘制热图，以分析藻类群落属水平的分布。使用可视化的Gephi平台（版本0.9.2）生成共生网络，以分析16个不同地理位置城市内湖中藻类之间和水质与藻类种群结构之间的生物关系。利用Canoco for Windows和蒙特卡罗置换试验（999置换）进行冗余分析（RDA），来评估不同城市内湖水质和地理位置对藻类的种群结构分布的影响，并在Windows的Cano Draw中生成图形。

2.1.3　结果与讨论

（1）水质参数分析　16个不同城市内湖水体的水质参数（pH值、TP、

TN、NO_2^--N、NO_3^--N、NH_4^+-N、COD_{Mn}、TOC、Fe 和 Mn）测定结果如表 2.1 所示。结果表明，不同城市内湖水体之间的水质存在显著差异。pH 值变化范围为 7.27（GL）到 9.30（TX）（$F = 94.319$，$p < 0.001$）。其中 XHH 的 NO_3^--N（0.39mg/L）、TN（3.84mg/L）、TOC（9.77mg/L）、TP（0.21mg/L）和 COD_{Mn}（9.01mg/L）的浓度均为所有采样城市内湖水体中最高（$F = 501.578$，$p < 0.001$；$F = 1138.293$，$p < 0.001$；$F = 270.402$，$p < 0.001$；$F = 2106.073$，$p < 0.001$；$F = 114.866$，$p < 0.001$）。NH_4^+-N 浓度范围为 0.01mg/L（XS、ZZ）到 0.50mg/L（YN）（$F = 452.529$，$p < 0.001$）。不同的是，所有城市内湖水体中的铁和锰浓度均较低（$F = 22.044$，$p < 0.001$；$F = 6.267$，$p < 0.001$）。GT 和 TX 这两个采样点的 pH 值显著不同的原因主要是它们分别位于中国西南部的云南省和中国北部的内蒙古自治区，GT 与 TX 之间的直线距离为 1773.3km，地理位置差异大，致使其环境条件显著不同，同时间接影响了水体的 pH 值。类似的研究也有人进行了报道，Yang 等从中国西部的 16 个城市内湖水体中采样，其中所调查的内湖两两之间的距离在 9～2027km 之间，所得到的 pH 值在 6.9～9.8 之间。此外，先前大量研究表明，空间距离是造成水质存在空间差异性的重要因素之一。XHH 是石嘴山北部最大的湿地公园，人类活动使得大量生活垃圾和重金属进入水体，对城市水体造成污染。Xiong 等揭示了人类活动和气候变化对芬兰两个农业集水区的水质造成的影响，其结果与本研究相符。此外，XHH 由湖泊、沙地、鱼塘和农田组成，同时环湖有 3 座煤粉厂，是 XHH 的主要污染源之一。水产养殖和农业废水导致大量氮磷营养盐进入湿地水体。之前有研究报道，水产养殖所用饲料中含有的氮以氨氮或有机氮的形式排放到水体中，造成周边水体富营养化。同时，农业废水的污染主要来自农民对有机肥的滥用。Green 等研究表明由于玉米种植区大量化肥的投入导致氮元素长期迁移，艾奥瓦州（Iowa）水体硝酸盐和亚硝酸盐含量产生显著变化。XHH 水体含氮量高的另一个重要原因是粉煤厂长期堆积的粉煤灰表面吸附的氮在雨水冲刷下进入水体。2002～2006 年，杭州市启动了两项西湖生态修复工程。水体营养状况由富营养化慢慢向中营养化转变。表明，城市湖泊在地理位置和气候条件相似的情况下，其水质可能存在差异。因此，历史环境和人为干扰也会影响水环境。Andersson 等同样得出了城市湖泊空间差异受环境条件和历史事件影响的结论。此外，Jiang 等还发现，巢湖周边的西部河流中 PO_4^{3-}-P、TP、NH_4^+-N 和 NO_2^--N 的浓度远高于其他巢湖样品。因此，城市湖泊的水质可能受到地理环境、工农业废水、人类活动和历史环境变化等因素的影响。

表 2.1　中国 16 个不同城市内湖水质参数

湖泊	pH 值	TN /(mg/L)	NO₃⁻-N /(mg/L)	NO₂⁻-N /(mg/L)	NH₄⁺-N /(mg/L)	TP /(mg/L)	COD$_{Mn}$ /(mg/L)	Fe /(mg/L)	Mn /(mg/L)	TOC /(mg/L)
铁西公园（TX）	9.30±0.24a	0.44±0.06l	0.07±0.01ef	0.01±0.00b	0.03±0.00j	0.01±0.00h	5.79±0.87c	0.03±0.00bcd	0.01±0.00bc	5.74±0.28bc
星海积水湖（XHH）	8.48±0.06b	3.84±0.33a	0.39±0.09a	0.04±0.03a	0.30±0.05c	0.21±0.01a	9.01±0.31a	0.02±0.00de	0.01±0.00a	9.77±0.71a
金源地（JJ）	8.04±0.14de	0.85±0.26gh	0.06±0.01fg	0.01±0.00b	0.15±0.07ef	0.05±0.00cd	5.08±0.10de	0.04±0.01bc	0.01±0.00a	5.69±0.56d
长乐公园（CL）	7.72±0.43de	0.57±0.11jk	0.04±0.01fg	0.04±0.01a	0.10±0.00ghi	0.06±0.00b	4.70±1.44f	0.04±0.01a	0.00±0.00c	1.09±0.20f
香山湖（XS）	7.45±0.04gh	1.02±0.07g	0.16±0.03c	0.01±0.00b	0.01±0.00j	0.02±0.00g	3.60±0.25f	0.02±0.00f	0.01±0.00ab	4.07±0.55d
艾溪湖（AX）	7.40±0.09gh	0.57±0.16ij	0.12±0.03d	0.01±0.00b	0.13±0.07e	0.03±0.01f	5.13±0.86cd	0.04±0.012ab	0.01±0.002a	5.61±0.17bc
回龙山水库（HLS）	7.88±0.10def	0.52±0.02f	0.06±0.01fg	0.01±0.00b	0.07±0.01f	0.03±0.01cd	4.43±0.18ef	0.02±0.00de	0.01±0.00a	4.66±0.59b
高铁公园（GT）	8.20±0.19bc	0.35±0.11kl	0.04±0.02fg	0.01±0.00b	0.07±0.01i	0.05±0.01ef	4.21±0.11f	0.02±0.00ef	0.01±0.00a	3.78±0.54a
金沙湖（JS）	8.15±0.19cd	2.08±0.22m	0.04±0.00fg	0.01±0.00b	0.15±0.03hi	0.05±0.01cd	4.35±0.80f	0.02±0.01ef	0.01±0.00a	9.33±0.45a
西流湖（XL）	7.79±0.02ef	0.77±0.10b	0.37±0.06g	0.04±0.01b	0.41±0.01f	0.05±0.01cd	4.42±0.30ef	0.02±0.00de	0.01±0.00a	3.34±0.19b
紫竹院公园（ZZY）	7.95±0.02de	0.32±0.03hi	0.22±0.03a	0.01±0.00a	0.11±0.01b	0.05±0.01cd	5.67±0.80c	0.01±0.01ef	0.01±0.00a	3.17±0.62e
龟龙湖（GL）	7.27±0.27hi	1.23±0.40m	0.19±0.23b	0.01±0.00b	0.16±0.03gh	0.05±0.00d	6.23±1.12cd	0.02±0.01cde	0.01±0.00a	5.77±0.26b
诸霍公园（ZZ）	7.28±0.30i	0.70±0.06ij	0.13±0.05de	0.01±0.00b	0.01±0.00j	0.03±0.01ef	8.35±0.10a	0.01±0.00efg	0.01±0.002a	4.76±0.14d
中山公园（ZS）	7.45±0.03gh	1.37±0.04e	0.05±0.02fg	0.01±0.00b	0.25±0.00d	0.05±0.00cd	7.1±0.27b	0.02±0.00ef	0.01±0.002a	4.31±0.41e
西湖（WL）	7.94±0.04de	1.05±0.47d	0.15±0.03cd	0.01±0.00b	0.11±0.01g	0.04±0.00e	4.41±0.81f	0.00±0.00fg	0.01±0.000a	2.82±0.49e
玉女湖（YN）	7.61±0.05fg	2.08±0.10c	0.11±0.01de	0.10±0.00b	0.50±0.04a	0.06±0.01b	8.33±0.08a	0.00±0.00g	0.01±0.002a	5.59±0.86b
One-Way ANOVA	***	***	***	***	***	***	***	***	***	***

注：数据后字母表示组之间的显著性差异，若两组之间的字母相同（如 a 和 a），则表示这两组之间的差异不显著；若两组组有不同的字母（如 a 和 b），则表示这两组之间的差异显著。*** 表示 p 值小于 0.001，说明结果在 99.9% 的置信水平下是显著的。

（2）藻类细胞密度　16 个城市内湖中藻类细胞密度，如图 2.1 所示。XHH（2478×10^4 个/L）和 ZS（2063×10^4 个/L）的藻类细胞密度显著高于其他采样点。其中，XHH 位于新兴工业城市石嘴山市，大量的污废水流入地表水中，氮和磷等营养物质的输入导致 XHH 水体藻类暴发。许多以前的研究都支持这一观点，即营养物质的富集促进了富营养湖中藻类的暴发。氮和磷促进了浮游微生物群落生物量的增加，Dodds 在其他淡水湖泊中也发现了这种现象。与 XHH 相比，虽然 ZS 中的氮和磷浓度相对较低，但是 ZS 位于温度适宜、雨水充沛、阳光充足的深圳。当水体中的温度达到合适温度时，浮游生物迅速大量繁殖。Huber 等人研究发现营养负荷和冬季温度会影响春季浮游植物暴发的时间。城市内湖 JS（527×10^4 个/L）、WL（475×10^4 个/L）、GT（1654×10^4 个/L）、HLS（924×10^4 个/L）和 ZZ（63×10^4 个/L）的藻类细胞密度相对较高。这 5 个城市内湖位于中国东部经济发达的长江三角洲地带。夏季，这些沿海地区有强烈的降雨。降雨可以将水体中的污染物稀释，但同时也将营养盐带入水中。类似地，Greenaway 等研究发现地下水和降雨对牙买加 Discovery Bay 沿岸水域无机氮磷浓度有一定的影响。其研究结果表明，大范围的强降雨显著增加了 $NO_3^- \text{-} N$ 的浓度。基于上述对比分析，可发现浮游植物的生物量在空间尺度上呈现出显著差异。营养、降雨量和温度是造成不同城市湖泊藻类密度差异的主要原因。

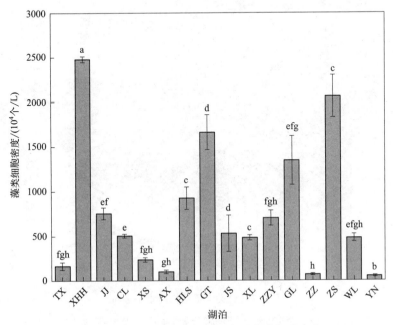

图 2.1　2018 年 10 月 16 个不同城市内湖的藻类细胞密度（$n=3$）

（3）藻类群落结构和细胞形态分析　对 16 个城市内湖水体藻类进行了定性和定量鉴定，共鉴定出 6 门，包括绿藻门、蓝藻门、硅藻门、金藻门、裸藻门和隐藻门。在所有采样点中，1/2 城市内湖的优势藻种属于硅藻门（XHH：88.3%；XL：76.8%；JS：71.2%；AX：65.0%；JJ：56.6%；TX：54.9%；XS：53.3%；ZZY：43.4%；HLS：47.1%），其次是蓝藻门（GL：82.4%；GT：53.3%；YN：51.3%；ZZ：43.1%；WL：43.0%），接着是绿藻门（CL：37.2%；ZS：44.3%）（如图 2.2 所示）。与本研究的结论类似，Yang 等利用光学显微镜对闽东南 11 个典型亚热带水库的藻类群落进行了研究，结果表明，所

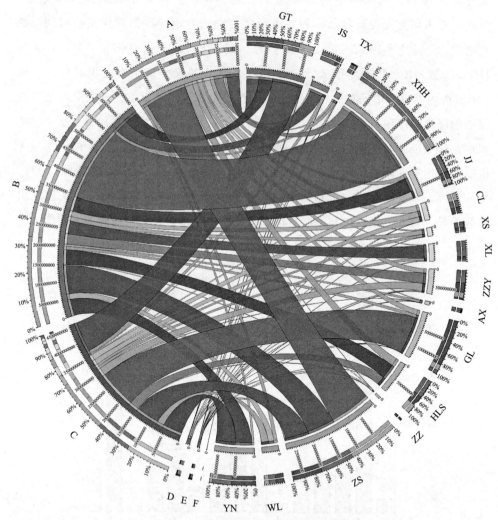

图 2.2　藻类群落结构门水平分布

（同一城市内湖中不同颜色的条带显示了不同门的来源）

A—绿藻门；B—硅藻门；C—蓝藻门；D—金藻门；E—裸藻门；F—隐藻门

调查水库藻类群落组成变化大，优势门为绿藻门、蓝藻门、硅藻门和金藻门，平均相对丰度占 92.01%。这些研究表明，藻类群落受当地环境和地理分布的影响，而当地环境和地理是其固有的生理因素。

为了对藻类群落结构分布有进一步的了解，绘制了属水平热图，如图 2.3 所示。总体而言，热图结果表明每个城市内湖的藻类群落都是唯一的，且揭示了

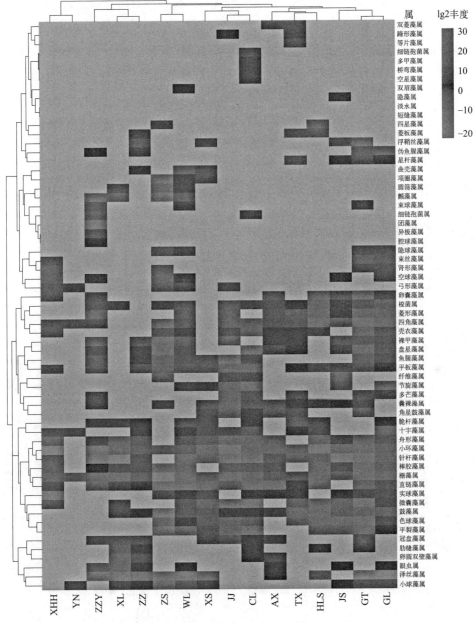

图 2.3　16 个不同地理分布的城市内湖藻类群落属水平热图

16 个城市湖泊藻类群落的多样性和差异性。藻类暴发期间的一些常见藻类形态如图 2.4 所示。其中，湖丝藻属是 GL（29％）、XS（20％）、ZZY（23％）、GL（77％）、ZZ（35％）、WL（25％）和 YN（44％）的优势藻属，针杆藻属是 JS（64％）、TX（22％）和 XL（61％）的优势藻属，而小环藻属在 XHH（86％）、JJ（32％）和 AX（19％）中占主导地位，肾形藻属、直链藻属和栅藻属分别是 CL（25％）、AX（19％）和 ZS（27％）的优势藻属。值得注意的是，GT 和 WL 是所有采样城市内湖中藻类最丰富的两个城市内湖。在藻类生态学分类中，以上优势藻分别属于蓝藻门、硅藻门和绿藻门。类似的研究表明，Kastoria 湖的湖丝藻属为优势藻属，同时，冬季和水蚤发育之前的种群密度高可能是促成其优势性的主要原因。此外，先前有研究报告表明，水华与蓝藻密切相关，蓝藻是引发富营

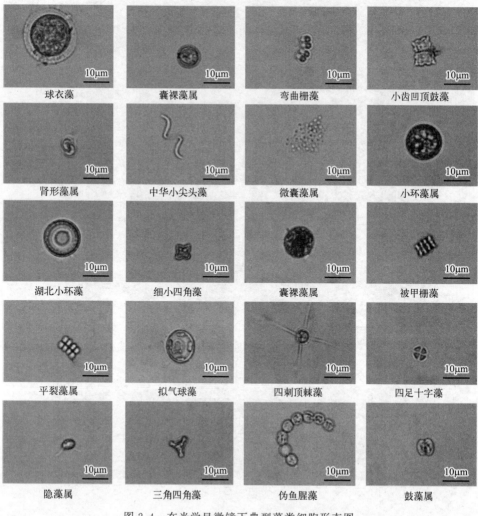

图 2.4   在光学显微镜下典型藻类细胞形态图

化最主要的藻种之一，尤其是在温暖干燥的夏季。而针杆藻属通常是低温季节的优势属。小环藻属是淡水中常见的硅藻之一，也是引起藻类水华的主要藻类。更重要的是，研究发现这些空间格局不仅与气候环境相关，而且与浮游植物群落结构特征也紧密联系。

（4）藻类群落与水质的关系　　为了揭示不同城市内湖的藻类群落与水质之间的关系，进行了冗余分析（RDA）。RDA1 和 RDA2 分别解释了总方差的 27.7% 和 15.5%（图 2.5）。第一轴 RDA1 与 NO_2^--N、NH_4^+-N、COD_{Mn}、TN 和 TP 呈正相关，而与 Mn、NO_3^--N、TOC 和 Fe 呈负相关。第二轴 RDA2 与水体中藻类细胞密度和 pH 值呈正相关。蒙特卡罗置换试验还表明，Fe、NO_2^--N 和藻类细胞密度与藻类种群结构的变化显著相关。RDA 图还显示 JS、HLS、GT、JJ 和 AX 位于第三象限，而 XS、TX 和 CL 位于第四象限。结果表明，16 个不同地理位置的城市内湖藻类群落结构组成不同。有研究表明，氮和磷对藻类的生长起决定性作用。此外，另有研究表明，不同形式的氮元素会影响藻类的吸收和利用。磷元素可以通过影响藻类的光合作用进一步对藻类生长产生影响。Qiu 等研究发现，COD_{Mn} 对沙湖中浮游植物的密度及其群落动态分布有显著影响，这与

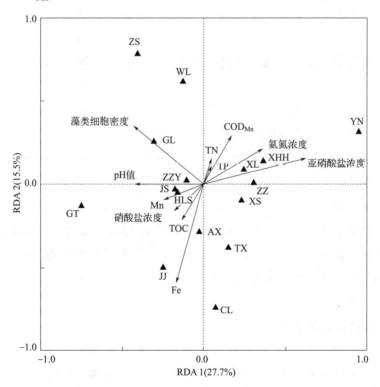

图 2.5　16 个不同地理位置的城市内湖藻类群落的冗余分析

本研究的研究结果相一致。生态因子 pH 值影响藻类生长，不同藻类具有一定的适应范围。因此，pH 值对浮游植物种类的组成和分布具有重要影响。

2.1.4 小结

综上所述，16 个城市内湖水体的水质在样本间存在显著差异。

（1）光学显微镜鉴定结果表明，16 个城市内湖总计有 6 门 63 属，优势藻属于硅藻门和蓝藻门，占比最多的属是湖丝藻属。

（2）共生网络分析表明，关键藻属是脆杆藻属、栅藻属和冠盘藻属，其在维持网络结构稳固方面发挥着重要作用。而且 NO_3^--N 和 NH_4^+-N 对藻类群落结构的组成具有显著影响。

（3）RDA 分析表明，16 个城市内湖的藻类种群结构组成具有显著的差异，主要受地理位置、NO_2^--N、Fe 和藻类细胞密度的影响。

这些研究结果表明藻类群落的地理位置格局和水质相关性大。同时，一些优势藻引发藻类暴发，这些藻类与水质和其他藻类有一定的互作关系。因此，在今后城市内湖的水质恢复和管理中，应重点关注这些藻类。

2.2 西安市湖泊水体藻类种群结构演替特征研究

城市湖泊在城市地球化学范围内的水生态环境中占有重要地位。它具有调节城市气候、排水和维持城市生态系统平衡的功能。与大型天然湖泊相比，城市湖泊水体为浅水体、相对封闭或半封闭、流动缓慢、人工化程度高、相对脆弱、自净能力受限的生态系统。从城市湖泊的地理位置、功能特点和全年可达性来看，与城市湖泊接触的人口越来越多。迄今为止，人类活动及气候变化引起的蓝藻水华已成为湖泊生态系统中一个常见而严重的环境问题，这会导致水质恶化，威胁水生生物和人类健康，影响社会经济发展。因此，明确藻类的动态生态特征可以为城市湖泊的综合治理提供理论支持。

2.2.1 研究区域概况

研究区域位于中国西北地区的陕西省西安市，其海拔差异悬殊位居全国各城之首。西安地处关中平原中部，是中国文明的发源地之一。西安，属温带半湿润季风气候，四季分明，北濒黄河水系最大的支流渭河，南依中国国家公园的秦岭，其独特海拔差异以及气候条件、人文特征与经济发展等特征的不同，促成了各城市景观水体微生物种群结构的差异性。为了解城市景观水体藻类种群结构，本研究选取了西安市 6 个景观水体作为研究对象，分别为长乐公园（CL）、木塔寺公园（MTS）、永阳公园（YY）、丰庆公园（FQ）、曲江池公园（QJ）、兴庆公园（XQ）。

2.2.2　采样点与分析方法

（1）水样采集　6 个公园湖泊水体水样的采集于 2021 年 7 月开始至 2021 年 12 月结束，在每月 10 日采集水样，为期 6 个月。在每个城市内湖布设 3 个不同的采样点位（$n=3$），使用无菌聚丙烯瓶在水体表层 0.5～1m 深度采集样本。所有采集水样均储存在冷却器（8℃）中，然后立即运至西安建筑科技大学环境微生物技术实验室进行分析测定。

（2）水质参数测定　为了了解水体水质动态变化，测定了 pH 值、水温（T），以及溶解氧（DO）、硝态氮（$NO_3^- $-N）、氨氮（$NH_4^+ $-N）、总氮（TN）、亚硝酸盐氮（$NO_2^- $-N）、总磷（TP）、溶解有机碳（DOC）、铁（Fe）和锰（Mn）的浓度。pH 值、DO 和 T 分别使用 pH 计、便携式溶解氧仪和温度计在现场测定（Hach，Loveland，CO，USA）。$NO_3^- $-N、$NH_4^+ $-N、$NO_2^- $-N、TP、DOC、Fe 和 Mn 的浓度参照《水和废水监测分析方法》进行测定，其中 TN 和 TP 浓度需要消解后测定（121℃，30min；DR5000，Hach，USA）。最后，DOC 水样品经预燃 $0.45\mu m$ GF/F 玻璃纤维过滤器过滤后，用携带 ASI-L 自动进样器的岛津 TOC-L 分析仪测定（Shimadzu，Kyoto，Japan）。每次实验设置三个平行（$n=3$）。

（3）藻细胞密度及藻类种群结构　取 100mL 水样，按照 100:1 的比例加入酸性鲁氏碘液固定浮游藻类。水样通过 $0.45\mu m$ 的醋酸纤维素滤膜进行抽滤富集。将抽滤后的滤膜用镊子取下，有藻细胞的一面朝上置于烧杯中，并加入少量纯水，烧杯内放入磁力搅拌子在磁力搅拌器上匀速转动，使得滤膜上的藻细胞完全散在纯水中，其中搅拌子和烧杯用纯水润洗 2～3 次。全部藻细胞液转移至塑料离心管并定容至 10mL，用于藻类计数和鉴定。

利用光学显微镜对藻类样本进行计数和鉴定。藻类计数使用 SR-藻类计数框 [总面积为 $(20\times20)mm^2$，体积为 $100\mu L$]，划分为 10×10 共 100 个小方格。使用前将计数框和盖玻片用酒精消毒，用纯水清洗并用擦镜纸擦干水分。计数时，将藻样品摇匀，用移液枪准确吸取 $100\mu L$ 缓慢滴在计数框内并盖上干净的盖玻片，计数框内应无气泡，如有气泡应重新制样。静置 3min，使藻细胞沉降至计数框底，不再漂移。将制备好的藻样计数框置于显微镜的载物台上，在 10×40 即 400 倍显微镜下按行格计数方式计数，观察藻类计数框中第 2、5、8 行，共 30 个视野格子，分类计数每个视野方格内所有的浮游藻类，将藻类鉴定至门水平和属水平。每个样本重复计数三次。当样本藻细胞丰度较低时，应增加更多的视野方格进行计数。最后，利用显微镜的拍照功能对典型藻类形态进行拍照。

2.2.3 数据处理与分析

使用 Excel 2019 和 Origin 2018 对数据进行基本处理和绘制。采用 IBM SPSS 26 统计软件对水体理化参数和藻细胞密度进行显著性差异检验（One-Way ANOVA）。采用 Tukey HSD 事后检验（$p<0.05$）进行单因素方差分析。使用在线 OmicStudio 工具对六个城市湖泊门水平藻类群落绘制 Circos 图。利用 TBtools 软件对属水平的藻类种群结构进行热图可视化。为了揭示水质与藻类群落之间的相关性，使用 Canoco 软件工具进行冗余分析（RDA）模型构建。基于 Spearman 相关性（$r>0.6$，$p<0.01$），利用 R 软件中的"psych"包及开放交互平台 Gephi 软件对藻类群落共生网络格局进行研究。在本研究中，为了评估水质参数（T、DO、pH 值、TN、NO_3^--N、NH_4^+-N、NO_2^--N、TP、DOC、Fe 和 Mn）对藻类群落结构的直接或间接影响，利用 R 软件中的"lavaan"和"semplot"软件包建立结构方程模型（SEM）。

2.2.4 结果与分析

（1）水质变化规律 2021 年 7~12 月 6 个城市湖泊 11 个水体理化参数（T、DO、pH 值、TN、NO_3^--N、NH_4^+-N、NO_2^--N、TP、DOC、Fe 和 Mn）及单因素方差分析结果见表 2.2。6 个城市湖泊的水质参数存在统计学差异。QJ 湖 7 月平均气温 30.7℃。CL 湖最低气温出现在 12 月，6.1℃，这可能是季节更替造成的。pH 值为（6.59±0.22）~（9.69±0.03）（$p<0.001$），呈微碱性。这一结果与之前的报道一致。FQ 最高 pH 值出现在 10 月，MTS 最低 pH 值出现在 9 月。

表 2.2　西安市 6 个城市湖泊水质参数（2021.07～2021.12）

时间	样品	T/℃	pH 值	DO/(mg/L)	TN/(mg/L)	TP/(mg/L)	NO_3^--N/(mg/L)	NH_4^+-N/(mg/L)	NO_2^--N/(mg/L)	DOC/(mg/L)	Fe/(mg/L)	Mn/(mg/L)
7月	CL	27.8±0.72	8.83±0.38	5.44±0.06	1.24±0.08	0.11±0.00	0.52±0.04	0.55±0.01	0.00±0.00	4.84±0.13	0.04±0.06	0.02±0.00
	MTS	27.8±0.29	8.51±0.02	5.13±0.12	2.79±0.04	0.12±0.00	0.77±0.01	1.95±0.03	0.05±0.00	26.75±1.04	0.06±0.02	0.01±0.00
	YY	28.1±0.17	8.47±0.47	5.73±0.06	1.55±0.03	0.12±0.00	0.59±0.05	0.47±0.07	0.00±0.00	28.00±0.32	0.06±0.02	0.01±0.00
	FQ	30.6±0.03	8.52±0.05	5.98±0.53	1.07±0.04	0.14±0.01	0.50±0.03	0.30±0.01	0.01±0.00	14.68±0.82	0.04±0.00	0.01±0.00
	QJ	30.7±0.66	9.18±0.05	6.57±0.06	1.24±0.01	0.15±0.01	1.04±0.05	0.19±0.02	0.03±0.00	4.65±0.86	0.07±0.02	0.01±0.00
	XQ	28.7±0.66	9.18±0.05	5.37±0.06	2.41±0.02	0.15±0.01	0.52±0.05	1.02±0.03	0.12±0.01	1.75±0.60	0.05±0.02	ND
8月	CL	28.5±0.12	8.56±0.61	6.63±0.92	2.15±0.15	0.05±0.05	0.57±0.04	0.40±0.09	0.00±0.00	8.99±0.40	ND	ND
	MTS	28.4±0.15	8.51±0.05	6.30±0.20	4.05±0.04	0.02±0.01	0.32±0.01	1.53±0.08	0.08±0.00	7.79±0.31	ND	ND
	YY	28.3±0.17	8.387±0.06	6.53±0.15	2.89±0.04	0.04±0.01	1.02±0.01	0.36±0.10	0.00±0.00	25.44±0.69	ND	0.01±0.00
	FQ	28.7±0.06	8.050±0.03	6.43±0.12	3.38±0.31	0.03±0.00	1.70±0.04	0.41±0.06	0.00±0.00	7.41±0.22	0.03±0.00	ND
	QJ	28.4±0.25	9.433±0.06	6.50±0.30	1.43±0.01	0.09±0.00	0.62±0.00	0.13±0.01	0.03±0.00	5.72±0.05	ND	ND
	XQ	30.2±0.75	8.79±0.02	6.23±0.38	1.34±0.02	0.08±0.01	0.49±0.01	0.55±0.02	0.08±0.01	2.52±0.05	ND	ND
9月	CL	25.8±0.15	7.20±0.26	7.38±0.37	1.27±0.04	0.03±0.02	0.57±0.01	0.22±0.02	0.00±0.01	6.52±0.00	ND	0.01±0.00
	MTS	26.1±0.12	6.59±0.22	7.00±0.00	1.33±0.01	0.02±0.00	0.76±0.04	0.54±0.01	0.00±0.00	8.20±0.01	ND	0.02±0.00
	YY	25.0±0.00	6.76±0.02	6.83±0.06	2.14±0.06	0.02±0.00	0.48±0.00	1.311±0.01	0.04±0.01	9.51±0.00	0.04±0.00	ND
	FQ	26.7±0.06	7.40±0.00	8.49±0.16	1.02±0.00	0.02±0.00	0.39±0.02	0.30±0.02	0.00±0.00	6.66±0.01	ND	ND
	QJ	26.0±0.06	7.20±0.17	7.65±0.01	1.31±0.05	0.04±0.01	0.82±0.01	0.34±0.01	0.00±0.00	4.51±0.01	ND	ND
	XQ	27.0±0.06	7.51±0.01	5.57±0.21	3.52±0.05	0.18±0.01	1.72±0.01	0.64±0.01	0.02±0.01	3.69±0.00	ND	ND

续表

时间	样品	T/℃	pH值	DO /(mg/L)	TN /(mg/L)	TP /(mg/L)	NO_3^--N /(mg/L)	NH_4^+-N /(mg/L)	NO_2^--N /(mg/L)	DOC /(mg/L)	Fe /(mg/L)	Mn /(mg/L)
10月	CL	14.5±0.06	9.37±0.01	12.66±0.02	1.14±0.02	0.01±0.01	0.43±0.00	0.29±0.02	0.00±0.00	21.51±0.00	0.04±0.00	0.02±0.00
	MTS	13.9±0.00	8.68±0.01	11.00±0.02	0.93±0.01	0.01±0.00	0.44±0.01	0.53±0.01	0.01±0.00	15.95±0.00	ND	0.01±0.00
	YY	14.6±0.06	8.32±0.03	10.93±0.02	1.11±0.01	0.01±0.00	0.31±0.05	0.52±0.01	0.01±0.00	17.39±0.01	0.04±0.00	0.01±0.00
	FQ	14.8±0.00	9.69±0.03	13.25±0.01	0.84±0.02	0.01±0.00	0.30±0.01	0.16±0.03	0.00±0.00	16.06±0.00	ND	0.01±0.00
	QJ	11.7±0.04	8.43±0.03	11.66±0.04	1.58±0.09	ND	1.10±0.01	0.28±0.01	0.05±0.00	12.66±0.00	0.06±0.00	0.01±0.00
	XQ	15.6±0.00	8.61±0.00	11.50±0.01	2.76±0.06	0.02±0.00	1.54±0.01	0.64±0.00	0.05±0.00	12.17±0.00	0.02±0.00	ND
11月	CL	8.8±0.06	9.64±0.01	13.05±0.03	1.89±0.01	0.02±0.01	0.53±0.02	0.26±0.01	0.01±0.00	9.37±0.03	0.06±0.00	0.01±0.00
	MTS	15.7±0.00	8.52±0.01	11.09±0.01	1.08±0.01	0.01±0.00	0.39±0.01	0.30±0.01	0.01±0.00	4.47±0.002	ND	0.02±0.00
	YY	16.1±0.06	8.21±0.01	11.05±0.01	1.14±0.02	0.04±0.00	0.51±0.02	0.42±0.01	0.01±0.00	5.02±0.005	0.03±0.00	0.01±0.00
	FQ	15.4±0.12	8.75±0.02	13.56±0.01	1.25±0.06	0.01±0.00	0.32±0.03	0.13±0.01	0.00±0.00	6.14±0.005	ND	0.01±0.00
	QJ	16.7±0.06	9.12±0.01	12.03±0.01	1.75±0.01	0.06±0.01	1.23±0.02	0.32±0.01	0.04±0.00	4.15±0.006	0.06±0.00	0.01±0.00
	XQ	10.8±0.06	8.68±0.02	11.50±0.02	2.21±0.04	0.02±0.00	0.13±0.01	1.38±0.01	0.01±0.00	3.14±0.02	ND	0.02±0.00
12月	CL	6.1±0.06	8.80±0.01	9.67±0.02	3.27±0.03	0.01±0.00	1.15±0.01	0.48±0.01	0.01±0.00	15.06±0.00	0.07±0.00	0.01±0.00
	MTS	8.6±0.06	8.19±0.03	9.47±0.01	1.92±0.03	0.01±0.00	0.52±0.01	0.62±0.01	0.01±0.00	4.91±0.01	ND	0.01±0.00
	YY	7.3±0.06	8.45±0.01	9.84±0.03	3.27±0.03	0.01±0.00	0.59±0.00	0.53±0.00	0.01±0.00	5.37±0.002	ND	0.01±0.00
	FQ	6.6±0.00	8.510±0.00	9.58±0.03	0.89±0.01	0.01±0.00	0.39±0.01	0.23±0.01	0.00±0.00	6.35±0.00	0.03±0.00	0.01±0.00
	QJ	8.7±0.00	8.83±0.00	11.76±0.02	1.62±0.02	0.03±0.01	1.24±0.01	0.28±0.01	0.02±0.00	4.59±0.02	0.03±0.00	0.02±0.00
	XQ	8.5±0.00	8.33±0.06	10.36±0.02	2.26±0.05	0.01±0.00	1.71±0.02	0.17±0.01	0.02±0.00	2.73±0.00	ND	0.01±0.00
ANOVA		***	***	***	***	***	***	***	***	***	***	***

城市水体 pH 值保持在较高水平，可能的原因是水生植物的光合作用吸收了水中的 CO_2，导致 pH 值较高。夏季 DO 浓度较秋冬季低。城市湖泊 DO 浓度在 5.13～13.56mg/L 之间。Diaz 等的研究表明 DO 的浓度可以反映水体的污染程度，富营养化对 DO 的浓度产生了不利的影响。

在水体化学参数方面，研究期内 TN、$NO_3^- \text{-N}$、$NH_4^+ \text{-N}$ 和 $NO_2^- \text{-N}$ 浓度差异显著。MTS 的 TN 浓度在 8 月份最高，为 (4.05 ± 0.15)mg/L，是 10 月份 FQ 的 5 倍 $(p < 0.001)$。该研究与 Kozak 等的研究一致，城市湖泊中 TN 浓度平均为 4mg/L，$NO_3^- \text{-N}$ 浓度为 1.9mg/L。XQ 湖 $NO_3^- \text{-N}$ 和 $NO_2^- \text{-N}$ 浓度最高，分别为 (1.72 ± 0.01)mg/L 和 (0.12 ± 0.01)mg/L $(p < 0.001)$。$NH_4^+ \text{-N}$ 的浓度变化与 DO 的浓度变化基本一致，MTS 的最高浓度出现在 7 月份 $[(1.95 \pm 0.03)$mg/L$]$。XQ 湖 TP 浓度最高 $[(0.18 \pm 0.01)$mg/L$]$ $(p < 0.001)$。Kang 等的一项类似研究表明，QJ 湖的 TP 浓度显著降低。TP 浓度是城市湖泊重要的营养指标。Liu 等的研究表明，控制磷素对缓解水体富营养化具有重要意义。所有样品中 DOC 浓度差异显著，DOC 浓度变化范围从 YY 湖 7 月的 (28.00 ± 0.32)mg/L 到 XQ 湖 7 月的 (1.75 ± 0.60)mg/L。水体总氮和有机碳含量较高，可引发水华，尤其是夏季。

令人惊讶的是，在监测期间，铁的浓度很低。铁的最大浓度为 (0.07 ± 0.00)mg/L。这一结果与 Zhang 等的研究一致。研究表明，水中较高的 Fe 浓度可以诱导水华的暴发。此外，Mn 的浓度值普遍低于 Fe 的浓度，在 0.01～0.02mg/L 之间变化。Wu 等也报道了类似的结果，他们发现鄱阳湖的有毒金属浓度处于较低的安全水平。城市湖泊水生生态系统的水质恶化可能受到人为活动的影响，与饮用水水库不同。饮用水库受人为活动影响较小。Xu 等的一项研究表明，人类活动和全球气候变化的动态效果可以影响 TN 和 TP，在未来的治理和保护湖泊上，应该更专注于特定人类活动的动态变化。因此，在本研究中，虽然地理位置和气象条件相似，但城市湖泊半年调查期间的水质变化却不尽相同。

(2) 藻细胞密度变化　2021 年 7～12 月城市不同湖泊藻细胞密度变化如图 2.6 所示。各城市湖泊 7～12 月藻细胞密度差异有统计学意义 $(p < 0.001)$。取样期间，QJ 湖 10 月份藻细胞密度最高 $(1555 \times 10^4$ 个/L$)$。与其他月份相比，QJ 湖 10 月份 TN 浓度相对增加。研究表明，氮循环可以迅速影响藻类的生长。10～12 月，除 CL 与 XQ 湖外，湖泊的藻细胞密度总体上呈逐渐下降趋势，且各湖泊变化趋势趋于一致。这一结果与相关报道相似。温度是藻类丰度变化和群落

结构的重要影响因子。水温较低时，藻类生长受限，不像水温较高时那样活跃，导致水生态环境中藻类生物量较低。相反，当水温适宜时，藻类生长开始增加。不同种类的藻类有不同的生长适应温度。根据本研究的调查，25～28℃更适合藻类的生长和繁殖。这一结果与 Chen 等和 Shi 等的研究结果一致。因此，在丰富度上类似的波动或变化，这些物种的丰富度似乎是对相同的季节或环境驱动做出的反应。本研究结果发现 CL 湖 10～12 月的藻细胞密度呈相反趋势。一种可能的解释是，缺乏水循环导致营养盐的富集。营养盐富集能迅速促进城市湖泊藻类生物量的增加。先前的研究发现，过量的营养会导致水华，这可能会影响城市湖泊的整体生态稳定性。

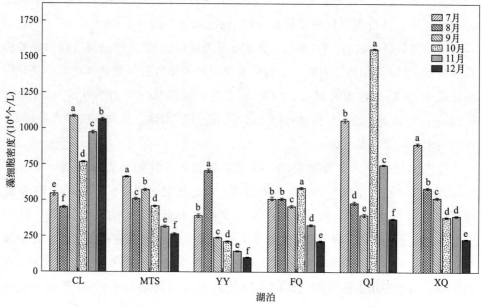

图 2.6　2021 年 7～12 月 6 个不同城市湖泊的藻细胞密度

（3）藻类群落组成演替分析　本研究在 6 个城市湖泊样品中鉴定出 8 个不同的藻门，分别为蓝藻门、绿藻门、硅藻门、金藻门、甲藻门、裸藻门、隐藻门、黄藻门（图 2.7）。其中，绿藻门在城市湖泊中占主导地位。Escalas 等也研究了法国地区优势浮游植物的成因和生态后果，在 4 次夏季活动中采集了 50 个对比水体，观察到绿藻门和蓝藻门是最丰富的，分别占 35.5%～40.6% 和 30.3%～36.5%。这些结果表明，绿藻可能更倾向于在最佳光强下生存。此外，绿藻在利用高氮磷比方面比蓝藻具有更强的优势，更适合高富营养化的水生环境。随后，蓝藻数量降低（2021 年 7～12 月），该趋势在 FQ 湖较为明显。10～12 月 CL 湖的亚优势门为金藻门，而不是绿藻门，但 QJ 湖的亚优势门为金藻门，这可能与城市湖泊的地理区域和水环境有关。因此，以上结果表明，城市湖泊藻类种群组成具有动态多样性。藻类丰度的变化可能反映了对环境因子变化的响应。环境因素可能在很大程度上影响着藻类群落的组成。即使在同一区域内，环境条件也存在差异。

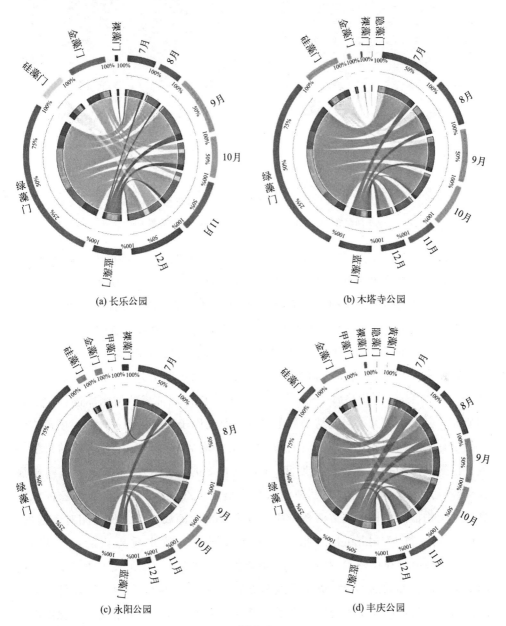

(a) 长乐公园

(b) 木塔寺公园

(c) 永阳公园

(d) 丰庆公园

图 2.7

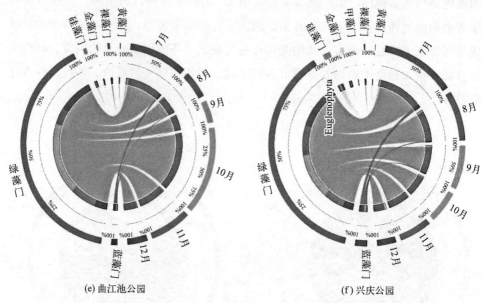

图 2.7　2021 年 7～12 月不同城市湖泊藻类群落组成
(不同颜色的条带代表城市湖泊不同门水平藻类群落组成)

　　如图 2.8 所示，建立了城市湖泊 51 个藻属的热图。红色代表较高的丰度。总体而言，各城市湖泊藻属的丰度和分布随时间变化明显，呈现多样性。小球藻是整个城市湖泊的优势藻种，属于绿藻门。QJ 湖小球藻具有较高的丰度。YY 湖盘星藻的丰度由 7 月的 9.09% 增加到 12 月的 27.27%。值得注意的是，在 6 个城市湖泊中均存在针杆藻，其中在 CL 湖 10 月 (55.17%)、MTS 湖 8 月 (31.75%)、YY 湖 9 月 (35.14%)、FQ 湖 8 月 (60.42%)、QJ 湖 7 月 (30.68%)、XQ 湖 12 月 (31.75%) 为优势属。Sun 等 (2017) 在中国江苏省沙河水库进行了类似的研究，其重点研究了浮游植物群落与环境驱动因子之间的相关性。月度调查结果显示，采样期间的优势属为针杆藻和隐藻。该结果也与 Xue 等研究结果的一致。值得注意的是，整个研究期间，CL 湖在 8 月出现了较高丰度的鱼鳞藻属 (66.67%)，相反鱼鳞藻属在其他湖泊均未出现。Zhang 等通过调查李家河水库真核微生物群落结构的季节演替特征，也发现鱼鳞藻属在 7 月份是相对丰富的。然而，Wan 和 Makhlough 等指出，鱼鳞藻属是导致水质恶化的潜在指标。图 2.9 是在光学显微镜下观察到的部分典型藻类细胞形态图。在本研究中，不同湖泊水体理化参数的差异可能是导致藻类群落组成不同的原因之一。此外，城市湖泊的固有特征和属性也会影响水质，藻类的组成和分布也会对这些变化做出响应。更重要的是，其组成和分布的差异可能归因于细菌和藻类的相互作用机制。

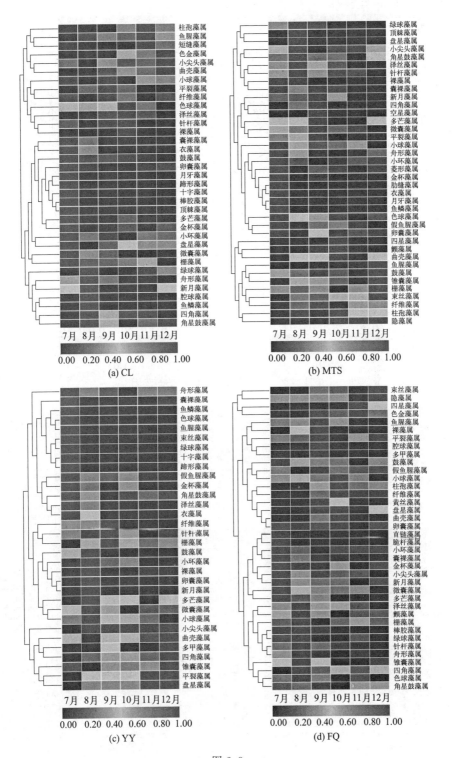

图 2.8

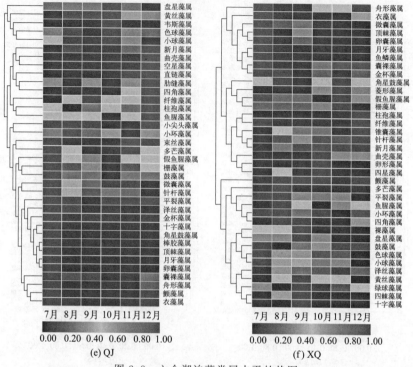

图 2.8　六个湖泊藻类属水平的热图

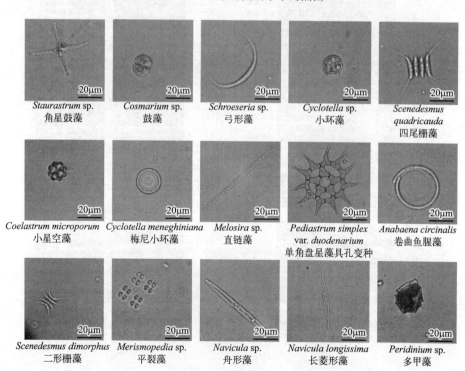

图 2.9　在光学显微镜下典型藻类细胞形态图

（4）藻类种群与水体水质的关系　群落结构的稳定性由其网络结构和组成决定，并受周围环境变化的调节。为了更好地了解水质参数与藻类群落结构之间的相关性，基于多变量统计方法进行了冗余分析（RDA）。RDA 是利用 6 个城市湖泊的综合数据构建的（图 2.10）。RDA1 和 RDA2 的藻类种群与水质相关性解释了总方差的 47.35%，表明水体理化参数与藻类种群结构相关性较差。结果表明，6 个城市湖泊的藻类群落呈相似的椭圆形分布。藻类群落生物地理对群落结构的响应差异是一个可能的解释。此外，T、TP、DO、NO_3^--N 和 NH_4^+-N 对藻类群落结构有显著影响。越来越多的研究表明，磷和氮通常被认为是城市浅湖浮游植物生长的重要限制营养物质。氮是藻类生长和代谢所必需的营养物质。此外，不同形态的氮也会影响藻类对氮的吸收和利用。水温是影响浮游植物生长发育和组成的重要环境驱动因子。浮游植物细胞的代谢过程大部分是受酶活性影响的酶反应，而温度对酶活性影响较大。不同藻类对温度的适应范围不同，导致藻类种群结构的演替。有研究表明 pH 是影响藻类生长的重要生态因子，水体呈碱性有利于藻类的光合作用。当然，磷也影响藻类的光合作用。Ren 等的研究也证实，pH 是淡水湖的主要影响决定因素，pH 可调节生态位相关的相对重要性和

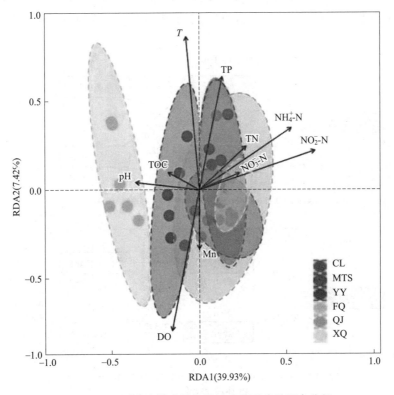

图 2.10　不同分布模式城市湖泊藻类群落的冗余分析

相互作用，促使浮游细菌形成多样性的格局。类似的效应也存在于浮游植物中。

本研究还探讨了各湖泊水质参数与藻类种群结构的相关性。RDA 指出，虽然目前研究的一个明显区别是在同一区域选择不同湖泊，但藻类群落结构存在显著差异。这些结果与藻类群落结构与水质参数耦合的网络分析一致。各湖泊藻类群落结构的组成受不同水质参数的影响。

为了解释水质变量之间潜在的相互作用及其对藻类密度和群落结构的直接或间接影响，本研究采用了结构方程 SEM（图 2.11）。将水质参数分为 3 组，即物理参数（T、pH 值和 DO）、营养参数（TN、NO_3^--N、NH_4^+-N、NO_2^--N、TP 和 DOC）和金属元素（Fe 和 Mn）。SEM 结果表明，城市湖泊中藻类群落对不同水体参数的响应不同（积极或消极），这可能与藻类类群之间形成的种间关联有关。如图 2.11（f）所示，物理变化对 XQ 湖藻细胞密度［标准化路径系数（std. coeff）$=-0.891$，$p<0.05$］和藻群落结构（std. coeff$=-0.931$，$p<0.05$）有显著的负向影响，但与藻细胞密度相比，物理参数模块对藻群落结构的响应更强。此外，YY 湖的物理参数对金属元素有负向影响，间接影响了藻类群落结构的组成和变化。当然，不同湖泊中的藻类对环境条件有不同的要求。因此，藻类群落之间的相互作用使它们更适应各自的栖息地。群落稳定性受到环境变化的调节。

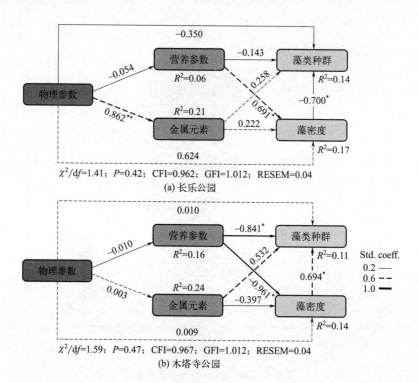

$\chi^2/df=1.41$；$P=0.42$；CFI$=0.962$；GFI$=1.012$；RESEM$=0.04$

(a) 长乐公园

$\chi^2/df=1.59$；$P=0.47$；CFI$=0.967$；GFI$=1.012$；RESEM$=0.04$

(b) 木塔寺公园

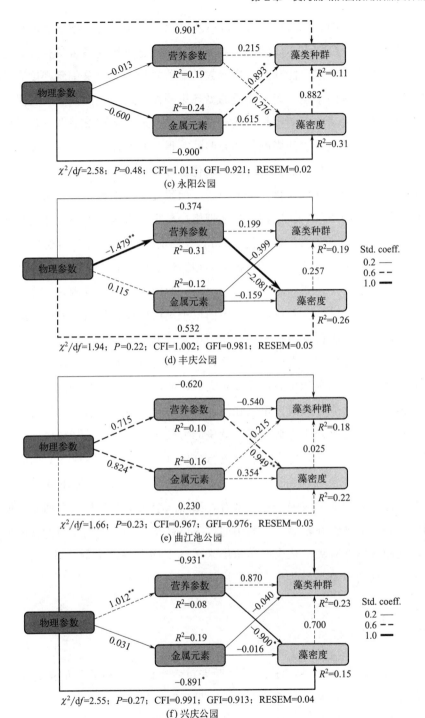

图 2.11　水质参数对藻类群落影响的结构方程模型（SEM）

（虚线和实线箭头分别表示正相关和负相关的关系。线的粗细与路径系数成正比。

线上边的数字表示标准化路径系数）

此外，结果表明，CL 湖、YY 湖和 QJ 湖的营养物质与藻细胞密度呈显著正相关，MTS 湖、FQ 湖和 XQ 湖的营养物质与藻细胞密度呈显著负相关。这一结果证实了营养物质状态可能导致水质参数的显著差异，并对藻细胞密度和藻群落结构有间接或直接的影响。营养物质的循环影响藻类的生长。例如，人类活动产生的营养物质促进了藻类的生长。然而，不同湖泊的藻类群落对营养物质的不同反应也可能受到其他因素的影响，如光照的可得性和其他微生物。总体而言，这些结果表明不同湖泊具有显著不同的模块化解释。然而，水质参数可能无法完全解释藻类群落结构的动态变化。在早期的一项研究中，地理学被用来研究大陆尺度上的土壤微生物群落。微生物生物地理格局是生态系统中普遍存在的现象。同样，藻类群落结构与湖泊位置有关。Yang 等此前对藻类群落分布格局的研究表明，藻类种群数量与地理位置具有很强的相关性。此外，Zhang 等认为城市湖泊中的藻类群落受地理位置和环境条件的驱动。此前的研究还发现，强降雨条件可以改变藻类的群落结构。总体而言，不同城市湖泊的藻类群落受不同生境条件的调节，但藻类关键类群的组成和相互作用还有待进一步研究。

（5）生态位宽度　生态位宽度是物种或种群对资源利用的多样性和环境适应能力的总体表现。物种的生态位宽度越大，说明其对资源的利用程度越强，利用资源较为充分，适应环境能力也较强。而生态位宽度越小，表明物种在一定空间范围内对资源的竞争处于劣势状态，竞争能力较弱，有一定的特化倾向。通过对不同湖泊藻类群落生境的生态位宽度进行分析（图 2.12），发现 YY 湖的藻类群落较其他湖泊的群落表现出更宽的生态位，这表明 YY 湖泊受环境因素影响较小，对资源的利用能力较强。总体来看，虽然六个城市湖泊都选自西安，但每个湖泊的生态位宽度存在差异，可利用的资源也存在差异，这可能与所处的位置和湖泊环境固有属性有关。从生态学角度来关注不同湖泊藻类群落的生态位宽度，可了解当地湖泊中藻类群落对资源利用的情况。

2.2.5　小结

综上所述，在 2021 年 7～12 月，西安市六个湖泊浮游藻类群落与水体水质参数存在相关性，且城市湖泊藻类随季节呈现时空格局。

（1）各城市湖泊 7～12 月藻细胞浓度差异有统计学意义（$p < 0.001$）。取样期间，QJ 湖 10 月份藻细胞浓度最高（1555×10^4 个/L）。10～12 月，除 CL 和 XQ 湖外，湖泊的藻细胞密度总体上呈逐渐下降趋势，且各湖泊变化趋势趋于

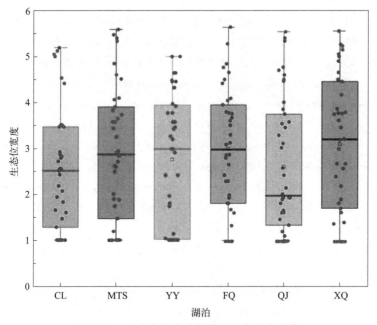

图 2.12　六个湖泊藻类群落的生态位宽度值

一致。

（2）共鉴定出 8 个不同的藻门，其中，绿藻门在城市湖泊中占主导地位。隐藻门在所有湖泊中并不是非常普遍，小球藻是整个城市湖泊的优势藻种。CL 湖在 8 月出现了较高丰度的鱼鳞藻属（66.67%），相反鱼鳞藻属在其他湖泊均未出现。

（3）RDA1 和 RDA2 的藻类种群与水质相关性解释了总方差的 47.35%，T、TP、DO、$NO_3^- $-N 和 NH_4^+-N 对藻类群落结构有显著影响。SEM 结果表明，CL 湖、YY 湖和 QJ 湖的营养物质与藻细胞密度呈显著正相关，MTS 湖、FQ 湖和 XQ 湖的营养物质与藻细胞密度呈显著负相关。总体而言，不同城市湖泊的藻类群落受不同生境条件的调节。

参考文献

[1]　周绪申，李娜，孙博闻，等. 白洋淀浮游生物群落结构的季节变化及其与环境因子的关系. 水利水电技术，2021，52（08）：110-119.

[2]　唐佳乐. 湛江市半自然植物群落乔木层主要优势种生态位及种间联结性. 绿色科技，2022，24（15）：173-178.

[3]　康鹏亮，黄廷林，张海涵，等. 西安市典型景观水体水质及反硝化细菌种群结构. 环境科学，2017，

38 (12)：5174-5183.

[4] 国家环境保护局. 水和废水监测分析方法. 4版. 北京：中国环境科学出版社，2002.

[5] 商潘路. 水源水库水质及浮游藻类种群结构时空演替规律研究. 西安：西安建筑科技大学，2018.

[6] 闫苗苗. 水源水库藻类种群时空演替的伴生菌群驱动机制研究. 西安：西安建筑科技大学，2020.

[7] Xiong J，Liu Y，Lin X，et al. Geographic distance and pH drive bacterial distribution in alkaline lake sediments across Tibetan Plateau. Environment Microbiolog，2012，14（9）：2457-2466.

[8] Zhang Z S，Huang X F. Research methods of freshwater plankton. Beijing：Science Press，1991.

[9] Legendre P，Oksanen J，ter Braak C J F，et al. Testing the significance of canonical axes in redundancy analysis. Methods in Ecology and Evolution，2011，2：269-277.

[10] Yang J，Jiang H，Wu G，et al. Distinct factors shape aquatic and sedimentary microbial community structures in the lakes of western China. Frontiers In Microbiology，2016，7：1782.

[11] Souffreau C，Van Der Guchit K，Van Gremberghe I，et al. Environmental rather than spatial factors structure bacterioplankton communities in shallow lakes along a＞6000 km latitudinal gradient in south America. Environment Microbiology，2015，17（7）：2336-2351.

[12] Crab R，Avnimelech Y，Defoirdt T，et al. Nitrogen removal techniques in aquaculture for a sustainable production. Aquaculture，2007，270（1）：1-14.

[13] Lu L，Tan H，Luo G，et al. The effects of bacillus subtilis on nitrogen recycling from aquaculture solid waste using heterotrophic nitrogen assimilation in sequencing batch reactors. Bioresource Technology，2012，124：180-185.

[14] Green C T，Bekins B A，Kalkhoff S J，et al. Decadal surface water quality trends under variable climate，land use，and hydrogeochemical setting in Iowa，USA. Water Resources Research，2014，50（3）：2425-2443.

[15] Sarier N. Specific features of adsorption of azo dyes on fly ash. Russian Chemical Bulletin，2007，56（3）：566-569.

[16] Andersson M G I，Berga M，Lindstrm E S，et al. The spatial structure of bacterial communities is influenced by historical environmental conditions. Ecology，2014，95（5）：1134-1140.

[17] Jiang Y J，He W，Liu W X，et al. The seasonal and spatial variations of phytoplankton community and their correlation with environmental factors in a large eutrophic Chinese lake（Lake Chaohu）. Ecological Indicators，2014，40：58-67.

[18] Yin K D，Qian P Y，Wu M C S，et al. Shift from P to N limitation of phytoplankton growth across the Pearl River estuarine plume during summer. Marine Ecology Progress Series，2001，221：17-28.

[19] Dodds W K，Smith V H，Lohman K. Nitrogen and phosphorus relationships to benthic algal biomass in temperate streams. Canadian Journal of fisheries and aquatic sciences，2002，59（5）：865-874.

[20] Huber V，Adrian R，Gerten D. Phytoplankton response to climate warming modified by trophic state. Limnology and Oceanography，2008，53（1）：1-13.

[21] Greenaway A M，Gordon S D A. The effects of rainfall on the distribution of inorganic nitrogen and

phosphorus in Discovery Bay，Jamaica．Limnology and Oceanography，2006，51（5）：2206-2220．

[22] Yang J，Yu X，Liu L，et al．Algae community and trophic state of subtropical reservoirs in southeast Fujian，China．Environmental Science and Pollution Research，2012，19（5）：1432-1442．

[23] Moustaka G M，Vardaka E，Tryfon E．Phytoplankton species succession in a shallow Mediterranean lake（L. Kastoria，Greece）：steady-state dominance of Limnothrix redekei，Microcystis aeruginosa and Cylindrospermopsis raciborskii．Hydrobiologia，2007，575（1）：129-140．

[24] Atkins R，Rose T，Brown R S，et al．The Microcystis cyanobacteria bloom in the Swan River-February 2000．Water Science and Technology，2001，43（9）：107-114．

[25] Wagner C，Adrian R．Cyanobacteria dominance：Quantifying the effects of climate change．Limnology and Oceanography，2009，54（6part2）：2460-2468．

[26] Jun H B，Lee Y J，Lee B D，et al．Effectiveness of coagulants and coagulant aids for the removal of filter clogging Synedra．Journal of Water Supply：Research and Technology-Aqua，2001，50（3）：135-148．

[27] Henderson R，Parsons S A，Jeffserson B．The iMPact of algal properties and pre-oxidation on solid-liquid separation of algae．Water Research，2008，42（8）：1827-1845．

[28] Barberan A，Bates S T，Casamayor E O，et al．Using network analysis to explore co-occurrence patterns in soil microbial communities．ISME Journal，2012，6（2）：343-351．

[29] Shi S，Nuccio E E，Shi Z J，et al．The interconnected rhizosphere：High network complexity dominates rhizosphere assemblages．Ecology Letters，2016，19（8）：926-936．

[30] Calijuri M C，Dos Santos A C A，Jati S．Temporal changes in the phytoplankton community structure in a tropical and eutrophic reservoir（Barra Bonita，S. P. —Brazil）．Journal of Plankton Research，2002，24（7）：617-634．

[31] Liu L，Yang J，Lv H，et al．Phytoplankton communities exhibit a stronger response to environmental changes than bacterioplankton in three subtropical reservoirs．Environment Science Technology，2015，49（18）：10850-10858．

[32] Yamaguchi H，Sakamoto S，Yamaguchi M．Nutrition and growth kinetics in nitrogen-and phosphorus-limited cultures of the novel red tide flagellate Chattonella ovata（Raphidophyceae）．Harmful Algae，2008，7（1）：26-32．

[33] Rodriguez J J G，Miron A S，Garcia M D C C，et al．Macronutrients requirements of the dinoflagellate protoceratium reticulatum．Harmful Algae，2009，8（2）：239-246．

[34] Qiu X C，Zhao H X，Sun X X，et al．Studies on relationship of phytoplankton and water environmental factors in Shahu Lake．Chinese Journal of Environmental Science，2012，33（07）：2265-2271．

[35] Shi D，Xu Y，Morel F M M．Effects of the pH/pCO_2 control method on medium chemistry and phytoplankton growth．Biogeosciences，2009，6（7）：1199-1207．

[36] Elser J J，Marzolf E R，Goldman C R．Phosphorus and nitrogen limitation of phytoplankton growth in the freshwaters of north America：A review and critique of experimental enrichments．Canadian

Journal of Fisheries and Aquatic Sciences，1990，47（7）：1468-1477.

[37] Zhang H H，Wang Y，Chen S N，et al. Water Bacterial and Fungal Community Compositions Associated with Urban Lakes，Xi'an，China. International Journal of Environmental Research & Public Health，2018，15（3）：469.

[38] Yan M M，Chen S N，Huang T L，et al. Community Compositions of Phytoplankton and Eukaryotes during the Mixing Periods of a Drinking Water Reservoir：Dynamics and Interactions. International Journal of Environmental Research and Public Health，2020，17（4）：1128.

[39] Balcom I N，Driscoll H，Vincent J，et al. Metagenomic analysis of an ecological wastewater treatment plant's microbial communities and their potentia to metabolize pharmaceuticals. F1000 Research，2016，5：1881.

[40] Qu X D，Peng W Q，Liu Y，et al. Networks and ordination analyses reveal the stream community structures of fish，macroinvertebrate and benthic algae，and their responses to nutrient enrichment. Ecological Indicators，2019，101：501-511.

[41] Isabwe A，Yang J R，Wang Y M，et al. Community assembly processes underlying phytoplankton and bacterioplankton across a hydrologic change in a human-iMPacted river. Science of the Total Environment，2018，630：658-667.

[42] Nõges T. Relationships between morphometry，geographic location and water quality parameters of European lakes. Hydrobiologia，2009，633（1）：33-43.

[43] Liu W Z，Zhang Q F，Liu G H. Lake eutrophication associated with geographic location，lake morphology and climate in China. Hydrobiologia，2010，644（1）：289-299.

[44] Wu J H，Xue C Y，Tian R，et al. Lake water quality assessment：a case study of Shahu Lake in the semiarid loess area of northwest China. Environmental Earth Sciences，2017，76（5）：232.

[45] Zhou Y，Ma J，Zhang Y，et al. Improving water quality in China：Environmental investment pays dividends. Water Research，2017，118：152-159.

[46] Yuan T，Vadde K K，Tonkin J D，et al. Urbanization IMPacts the Physicochemical Characteristics and Abundance of Fecal Markers and Bacterial Pathogens in Surface Water. International Journal of Environmental Research and Public Health，2019，16（10）：1739.

[47] Touzet N. Mesoscale survey of western and northwestern Irish lakes-Spatial and aestival patterns in trophic status and phytoplankton community structure. Journal of Environmental Management，2011，92（10）：2844-2854.

[48] Pineda-Mendoza R M，Briones-Roblero C I，Gonzalez-Escobedo R，et al. Seasonal changes in the bacterial community structure of three eutrophicated urban lakes in Mexico city，with emphasis on *Microcystis* spp. Toxicon，2020，179：8-20.

[49] Morris K，Bailey P C E，Boon P I，et al. Effects of plant harvesting and nutrient enrichment on phytoplankton community structure in a shallow urban lake. Hydrobiologia，2006，571（1）：77-91.

[50] Yang J，Wang F，Lv J P，et al. Responses of freshwater algal cell density to hydrochemical varia-

bles in an urban aquatic ecosystem, northern China. Environmental monitoring and assessment, 2019, 191 (1): 29.

[51]　Arvola L, Järvinen M, Tulonen T. Long-term trends and regional differences of phytoplankton in large Finnish lakes. Hydrobiologia, 2011, 660 (1): 125-134.

[52]　Liang J, Huang C L, Stevenson M A, et al. Changes in summer diatom composition and water quality in urban lakes within a metropolitan area in central China. International Review of Hydrobiology, 2020, 105 (3-4): 94-105.

[53]　Chen S N, He H Y, Zong R R, et al. Geographical Patterns of Algal Communities Associated with Different Urban Lakes in China. International Journal of Environmental Research and Public Health, 2020, 17 (3): 1009.

[54]　Lv J, Wu H J, Chen M Q. Effects of nitrogen and phosphorus on phytoplankton composition and biomass in 15 subtropical, urban shallow lakes in Wuhan, China. Limnologica, 2011, 41 (1): 48-56.

[55]　Escalas A, Catherine A, Maloufi S, et al. Drivers and ecological consequences of dominance in peri-urban phytoplankton communities using networks approaches. Water Research, 2019, 163: 114893.

[56]　Cao X Y, Zhao D Y, Xu H M, et al. Heterogeneity of interactions of microbial communities in regions of Taihu Lake with different nutrient loadings: A network analysis. Scientific Reports, 2018, 8 (1): 8890.

[57]　Xu Y G, Li A J, Qin J H, et al. Seasonal patterns of water quality and phytoplankton dynamics in surface waters in Guangzhou and Foshan, China. Science of the Total Environment, 2017, 590-591: 361-369.

[58]　Zhu W, Wan L, Zhao L F. Effect of nutrient level on phytoplankton community structure in different water bodies. Journal of Environmental Sciences, 2010, 22 (01): 32-39.

[59]　Ren L J, Jeppesen E, He D, et al. pH Influences the Importance of Niche-Related and Neutral Processes in Lacustrine Bacterioplankton Assembly. Appl Environ Microbiol, 2015, 81 (9): 3104-3114.

[60]　Yang J, Jiang H, Liu W, et al. Benthic Algal Community Structures and Their Response to Geographic Distance and Environmental Variables in the Qinghai-Tibetan Lakes With Different Salinity. Frontiers in Microbiology, 2018, 9: 578.

[61]　Sales M, Ballesteros E, Anderson M J, et al. Biogeographical patterns of algal communities in the Mediterranean Sea: Cystoseira crinita-dominated assemblages as a case study. Journal of Biogeography, 2012, 39 (1): 140-152.

[62]　Gilcreas F. Standard methods for the examination of water and waste water. Journal of Public Health, 1966, 56 (03): 387-388.

[63]　Ma W, Huang T, Li X, et al. Impact of short-term climate variation and hydrology change on thermal structure and water quality of a canyon-shaped, stratified reservoir. Environmental Science and Pollution Research International, 2015, 22 (23): 18372-18380.

[64] Lee T，Rollwagen-bollens G，Bollens S. The influence of water quality variables on cyanobacterial blooms and phytoplankton community composition in a shallow temperate lake. Environmental Monitoring and Assessment，2015，187（06）：315.

[65] Chen C，Chen H，Zhang Y，et al. TBtools：An Integrative Toolkit Developed for Interactive Analyses of Big Biological Data. Molecular Plant，2020，13（08）：1194-1202.

[66] Han Z，An W，Yang M，et al. Assessing the iMPact of source water on tap water bacterial communities in 46 drinking water supply systems in China. Water Research，2020，172：115469.

[67] Delgado-baquerizo M，Maestre F，Reich P，et al. Microbial diversity drives multifunctionality in terrestrial ecosystems. Nature Communications，2016，7：10541.

[68] 康鹏亮，黄廷林，张海涵，等. 西安市典型景观水体水质及反硝化细菌种群结构. 环境科学，2017. 38（12）：5174-5183.

[69] Diaz R，Rosenberg R. Spreading dead zones and consequences for marine ecosystems. Science，2008，321（5891）：926-929.

[70] Kozak A，Goldyn R，et al. Changes in Phytoplankton and Water Quality during Sustainable Restoration of an Urban Lake Used for Recreation and Water Supply. Water，2017，9（09）：713.

[71] Zhang J，Zhang H，Li L，et al. Microbial community analysis and correlation with 2-methylisoborneol occurrence in landscape lakes of Beijing. Environmental Research，2020，183：109217.

[72] Landa M，Blain S，Christaki U，et al. Shifts in bacterial community composition associated with increased carbon cycling in a mosaic of phytoplankton blooms. ISME Journal，2016，10（01）：39-50.

[73] Wu Z，Zhang D，Cai Y，et al. Water quality assessment based on the water quality index method in Lake Poyang：The largest freshwater lake in China. Scientific Reports，2017，7（01）：17999.

[74] Xu X，Liu H，Jiao F，et al. Influence of climate change and human activity on total nitrogen and total phosphorus：a case study of Lake Taihu，China. Lake and Reservoir Management，2020，36（02）：186-202.

[75] Shi X，Li S，Zhang M，et al. Temperature mainly determines the temporal succession of the photosynthetic picoeukaryote community in Lake Chaohu，a highly eutrophic shallow lake. Science of the Total Environment，2020，702：134803.

[76] Zhou L，Qiu Q，Tang J，Xu Y，et al. Characteristics of spring green algae blooms and affecting factors in an urban lake，Moon Lake in Ningbo City，China. Journal of Lake Sciences，2019，31（04）：1023-1034.

[77] Su X，Steinman A，Xue Q，et al. Temporal patterns of phyto-and bacterioplankton and their relationships with environmental factors in Lake Taihu，China. Chemosphere，2017，184：299-308.

[78] Sun X，Zhu G，Yang W，et al. Spatio-temporal variations in phytoplankton community in Shahe reservoir，Tianmuhu，China. Environmental Science，2017，38（10）：4160.

[79] Xue D，Xie J，Zhou J，et al. Distribution characteristics of synedra and its relationship with environmental variables in storage lakes on the eastern route of the south-to-north Water Diversion

Project. Research of Environmental Science，2016，29（11）：1600-1607.

［80］ Zhang H，Liu K，Huang T，et al. Effect of thermal stratification on denitrifying bacterial community in a deep drinking water reservoir. Journal of Hydrology，2021，596：126090.

［81］ Wan M，Makhlough A. Water quality of tropical reservoir based on spatio-temporal variation in phytoplankton composition and physico-chemical analysis. International Journal of Environmental Science and Technology，2014，12（07）：2221-2232.

［82］ Hou F，Zhang H，Xie W，et al. Co-occurrence patterns and assembly processes of microeukaryotic communities in an early-spring diatom bloom. Science of the Total Environment，2020，711：134624.

［83］ Zhang H，Ma M，Huang T，et al. Spatial and temporal dynamics of actinobacteria in drinking water reservoirs：Novel insights into abundance，community structure，and co-existence model. Science of the Total Environment，2022，814：152804.

［84］ Liu S，Yu H，Yu Y，et al. Ecological stability of microbial communities in Lake Donghu regulated by keystone taxa. Ecological Indicators，2022，136：108695.

［85］ Tang C，Sun B，Yu K，et al. Environmental triggers of a Microcystis (Cyanophyceae) bloom in an artificial lagoon of Hangzhou Bay，China. Marine Pollution Bulletin，2018，135：776-782.

［86］ Zhang H，Ma B，Huang T，et al. Nitrate reduction by the aerobic denitrifying actinomycete *Streptomyces* sp. XD-11-6-2：Performance，metabolic activity，and micro-polluted water treatment. Bioresource Technology，2021，326：124779.

［87］ Ma B，Zhang H，Huang T，et al. Cooperation triggers nitrogen removal and algal inhibition by actinomycetes during landscape water treatment：Performance and metabolic activity. Bioresource Technology，2022，356：127313.

［88］ Zhao X，Fang T，Yang K，et al. Community structure characteristics of phytoplankton and related environmental factors in summer in Tuohu Lake，Anhui，China. Journal of Wuhan Botanical Research，2018，36（5）：687-695.

［89］ Stomp M，Huisman J，Mittelbach G G，et al. Large-scale biodiversity patterns in freshwater phytoplankton. Ecology，2011，92（11）：2096-2107.

［90］ Matus-Hernández M Á，Martínez-Rincón R O，Aviña-Hernández R J，et al. Landsat-derived environmental factors to describe habitat preferences and spatiotemporal distribution of phytoplankton. Ecological Modelling，2019，408：108759.

［91］ Van der Gucht K，Cottenie K，Muylaert K，et al. The power of species sorting：Local factors drive bacterial community composition over a wide range of spatial scales. Proceedings of the National Academy of Sciences of the United States of America，2007，104（51）：20404-20409.

［92］ Romina S M，Unrein F，Gasol J M，et al. Bacterial community structure in a latitudinal gradient of lakes：the roles of spatial versus environmental factors. Freshwater Biology，2011，56（10）：1973-1991.

第3章
秦岭南北麓典型水体中藻类种群结构

3.1 采样点布设及研究方法

3.1.1 采样点布设

（1）关中地区景观水体 关中地区位于秦岭北麓，属于暖温带大陆性季风型气候。本研究选取西安潏河湿地公园和西北农林科技大学南校区小西湖作为研究对象。其中潏河湿地公园（34°8′11″N，108°56′8″E）位于西安市常宁新区核心区，处于潏河中游地带。总占地面积为 3.49km²。补给水源为自来水厂的退水，经测定其水源各项指标具体如表3.1所示。公园植物郁闭度较低且水流缓慢，容易造成藻类大量生长。

小西湖（34°15′51″N，108°3′29″E）位于咸阳市杨陵区西北农林科技大学南校区内。小西湖为人工引入的水景，用于优化校园小气候，促进校园生态的良好发展。湖体总占地面积为 4.02km²。补给水源为地下水，经测定其水源各项指标如表3.1所示。由于水中氮含量较高，在夏季时容易形成蓝藻水华。

根据两个水体的水流方向，本研究在潏河湿地公园和小西湖分别设置了5个和4个采样点。采样时间为2017年8月31日到2018年7月31日。其中每年5

月到 10 月每隔半个月采样调查一次；而当年 11 月到次年 4 月，由于气温下降，浮游藻类减少，每月采样调查一次。

表 3.1　采样区域补给水源水质指标

项目		TN /(mg/L)	TDN /(mg/L)	TP /(mg/L)	TDP /(mg/L)	NH_4^+-N /(mg/L)	NO_3^--N /(mg/L)
潏河湿地公园	平均值	2.13	2.34	0.038	0.022	0.21	1.91
	标准差	0.03	0.05	0.003	0.006	0.01	0.01
小西湖	平均值	16.91	10.24	0.030	0.029	0.16	9.49
	标准差	0.01	0.01	0.003	0.002	0.02	0.04

（2）渭河陕西段　渭河是黄河的最大支流，全长 818km，流域总面积 134766km^2，年均降水量在 450～470mm 之间，属于暖温带大陆性季风型气候。补给水源为降雨，其年径流变化剧烈。本研究的采样区域位于渭河陕西段干流和主要支流，共设置 21 个采样点。采样区位于北纬 108°56′～108°74′，东经 106°95′～109°48′。其中，采样点 W1～W9 位于干流，其余采样点位于支流。采样时间为 2017 年 8 月。

（3）陕南山塘　陕南位于秦岭南麓，从西往东依次是汉中、安康和商洛三个地市。属于北亚热带大陆性湿润季风气候。采样区北纬从 31°42′～34°24′，东经从 105°30′～111°1′，总面积 27246km^2。本研究的采样区域位于整个陕南地区，共设置 41 个采样点。采样时间为 2019 年 8 月。

3.1.2　样品采集

（1）水样的采集　使用有机玻璃采水器在每个采样点采集混合水样，分别装于 500mL 的样品瓶中，用于水质测定，每个采样点采集三个平行样本，采样结束后立即运送回实验室。水样采集过程中，同时对水面进行拍照，记录水面基本情况。

（2）浮游藻类样品的采集　浮游藻类样品包括定性样品和定量样品两种。定性样品的采集：用 25$^\#$ 浮游生物网（网孔直径 0.064mm），在水面表层以 20～30cm/s 的速度作 "∞" 形循回缓慢拖滤（网内不得有气泡）1～3min，待网中多余水滤去，全部样品落入浮游生物网底部时，打开底管阀门，让样品流入事先准备好的采样瓶中，全部样品均用鲁氏碘液现场固定。

采集定量样品时，应根据采样点的浮游藻类密度和研究需要确定采样量。当浮游藻类密度较高时，可适当减少采样量；而当密度较低时则要增加采样量。一般以 1L 水量为宜。水样采集后，马上向每升水样中加入 15mL 左右的鲁氏碘液进行固定，避免因时间过长而导致样品变质。将固定后的样品沉淀 48h，用虹吸管小心抽出上面不含藻类的"清液"，剩下 20～25mL 沉淀物转移至 30mL 定量瓶中，再用上述清液洗涤三次沉淀，将洗涤液转入上述定量瓶中，再补加 0.5mL 鲁氏碘液后定容至 30mL。

3.1.3 指标测定

3.1.3.1 现场指标测定

温度（T）、pH 值、电导率（EC）和溶解氧（DO）等指标采用便携式多功能参数仪现场测定。测定前在野外温度下使用标准缓冲溶液对仪器进行校准，并在每次采样前检查仪器。

3.1.3.2 水质指标测定

（1）TN 测定　采用过硫酸钾氧化-紫外分光光度法。向 25mL 比色管中加入 10mL 水样，然后加入 5mL 碱性过硫酸钾，塞紧胶塞，于 121℃ 消煮 30min，自然冷却后，加入（1+9）盐酸 1mL，用无氨水稀释至 25mL，用无氨水作为空白对照，在 220nm（OD_{220}）及 275nm（OD_{275}）波长下分别测定吸光度，根据标准曲线得出 TN 浓度。

（2）TP 测定　采用钼锑抗分光光度法。吸取 25mL 水样于 50mL 比色管中。然后加入 5mL 过硫酸钾溶液，塞紧玻璃塞，于 121℃ 消煮 30min，自然冷却后，用蒸馏水稀释至 50mL 标线，加入 1mL 10% 抗坏血酸，30s 后加入 2mL 钼酸盐溶液充分混合，静置 15min，在 700nm 波长下以蒸馏水调零后，测定吸光度，根据 TP 标线得到其浓度。

（3）NO_3^--N 测定。向 25mL 比色管中加入 10mL 水样，加入 1mL（1+9）盐酸，再用无氨水定容至 25mL，用无氨水作为空白对照，在 220nm（OD_{220}）及 275nm（OD_{275}）波长下分别测定吸光度，根据标准曲线得出 NO_3^--N 浓度。

（4）NH_4^+-N 测定　向 50mL 比色管中加入 25mL 水样，用无氨水稀释至 50mL，然后加入 1mL 酒石酸钾钠，混匀，30s 后加入 1.5mL 纳氏试剂，混匀，用无氨水作为空白对照，静置 10min，在 420nm 波长下测定吸光度，根据标准

曲线得出 NH_4^+-N 浓度。

（5）叶绿素 a 测定　将采集好的用于叶绿素 a（Chl-a）分析的水样分别过玻璃纤维滤膜（47mm，$0.7\mu m$），然后将滤膜折叠放入试管中，加入 10mL 100％丙酮，静置过夜（12h），取上清液用紫外分光光度计（UV-1780，Shimadzu，Japan）比色，以丙酮作为空白对照，用 1cm 光程的比色皿分别读取 750nm、663nm、645nm、630nm 波长处的吸光度。Chl-a 的含量按如下公式计算：

$$Chl\text{-}a(mg/m^3) = \frac{[11.64 \times (D_{663} - D_{750}) - 2.16 \times (D_{645} - D_{750}) + 0.1 \times (D_{630} - D_{750})] \times V_1}{V\delta}$$

(3.1)

式中　V——水样体积，L；

　　　D——吸光度；

　　　V_1——提取液定容后的体积，mL；

　　　δ——比色皿光程，cm。

3.1.3.3　浮游藻类定性定量分析

浮游藻类样本在实验室沉淀 48h 后，用小直径硅胶管虹吸出上清液进行藻液浓缩，将藻液浓缩至 30mL，用于浮游藻类属的鉴定和计数。将充分混匀的浮游藻类定性样品置于 10×40 倍镜下进行观察和鉴定。定量的样品采用视野法，将样品混匀后，立即吸取 0.1mL 置于 20mm×20mm 浮游生物计数框中并盖上盖玻片，然后在 10×20 倍镜下或者 10×40 倍镜下进行计数。计数原则为：当藻类密度较大时，则分类计数 200 个藻体即可。如果藻类密度过小，则需全片计数。每瓶藻样取 3 次计数的平均数。1L 样品中浮游藻类的个体数 N 可按下式计算：

$$N = \frac{A \times V_s}{A_c \times V_a} \times n$$

(3.2)

式中　N——每升原水样中的浮游藻类数量，个/L；

　　　A——计数框面积，mm^2；

　　　A_c——计数面积，mm^2；

　　　V_s——1L 原水样沉淀浓缩后的体积，mL；

　　　V_a——计数框体积，mL；

　　　n——计数所得浮游藻类的数目。

使用奥林巴斯显微镜（CX31，Olympus，Tokyo，Japan）进行浮游藻类鉴定。

3.1.4 富营养化指数

利用 Chl-a、TP 和 TN 三个指标与综合营养指数法对水体进行富营养评价。将所测得的水质参数代入以下四个公式，计算出各点的富营养化水平。需要注意的是，采样点的水较浅，所以不使用透明度指标。

营养状态指数（TSI）的计算公式：

$$TSI=0.421TSI(\text{Chl-a})+0.282TSI(\text{TN})+0.297TSI(\text{TP}) \tag{3.3}$$

$$TSI(\text{Chl-a})=10\times(2.5+1.086\ln\text{Chl-a}) \tag{3.4}$$

$$TSI(\text{TP})=10\times(9.436+1.624\ln\text{TP}) \tag{3.5}$$

$$TSI(\text{TN})=10\times(5.453+1.624\ln\text{TN}) \tag{3.6}$$

上式中，Chl-a 单位为 mg/m^3，其他指标单位均为 mg/L。

表 3.2 所示为湖泊（水库）营养状态分级（0~100）。

表 3.2　湖泊（水库）营养状态分级（0~100）

综合营养状态指数	富营养程度
$TSI(\Sigma)<30$	贫营养
$30\leqslant TSI(\Sigma)\leqslant50$	中营养
$TSI(\Sigma)>50$	富营养
$50<TSI(\Sigma)\leqslant60$	轻度富营养
$60<TSI(\Sigma)\leqslant70$	中度富营养
$TSI(\Sigma)>70$	重度富营养

3.1.5 数据分析与处理

利用 Canoco 5.0 软件分析环境因素与常见藻类分类的关系。先用 species-sample 数据做去趋势对应分析（DCA），因为分析结果中 Lengths of gradient 的第一轴的大小小于 3.0，所以选择 RDA 分析来反映浮游藻类群落与环境因子之间的关系。利用 Origin 8.5 软件对数据进行作图和描述性统计分析。利用 Arcgis 10.1 进行地图的绘制。

3.2 关中地区景观水体中浮游藻类群落的季节演替及其与环境因子的关系

　　人类社会及经济的不断发展，对水景景观需求的不断增长促进了人工湖泊的开发与建设。人工湖泊生态系统的稳定和景观的维持是城市水环境管理的重要内容。尽管当下全球大多数城市点源污染得到了有效的控制，但是城市面源污染、大气氮沉降负荷依然较大，加上气候变化的因素，城市人工湖泊富营养化问题依然严重。对这些水体中浮游藻类群落的时空演替及其与环境因子的关系进行研究，有利于科学管理水环境和保持水生态系统的稳定。因此，本节选取了关中地区两个典型的城市景观水体，潏河湿地公园和小西湖作为研究对象。其中潏河湿地公园的补给水源是自来水厂的退水，小西湖的补给水源为地下水。对两个水体的水质和浮游藻类群落进行了为期一年的监测，以分析其浮游藻类群落组成、季节演替及其与环境因子的关系。通过 RDA 对环境因子与藻种之间的关系进行了分析，以明确该地区不同补给水源景观水体中影响浮游藻类群落组成的主要环境因子，为该地区景观水体水华藻类的控制及水环境综合整治提供依据。

3.2.1 气象与水质的季节变化

　　研究区域各采样点的气温、DOC 和 Chl-a 的季节变化如图 3.1 所示。可以看出，潏河湿地公园和小西湖在整个采样期间，气温变化规律基本相同［图 3.1(a)、(b)］，从 8 月到次年 1 月不断下降，从 2 月到 7 月逐渐上升。潏河湿地公园和小西湖的温度变化范围分别为 $1 \sim 28.5\,℃$ 和 $1.5 \sim 30.5\,℃$。

　　潏河湿地公园和小西湖的 DOC 浓度均呈现下降趋势［图 3.1(c)、(d)］。其中，潏河湿地公园的 DOC 浓度在整个采样期间的最大值和最小值分别为 34.53mg/L 和 1.64mg/L。小西湖 DOC 浓度的最大值和最小值分别为 48.74mg/L 和 2.34mg/L。

　　整个采样期间，潏河湿地公园 Chl-a 出现了 3 次较为明显的峰值［图 3.1(e)］，最大值达到 $334.03\mu g/L$（2018 年 5 月 15 日），9 月初到次年 3 月 Chl-a 浓度基本保持稳定，平均值为 $5.01\mu g/L$。小西湖 Chl-a 全年仅在 8 月份出现了一次峰值［图 3.1(f)］，最大值为 $281.40\mu g/L$，随后，Chl-a 浓度快速下降，9 月初到次年 6 月底基本保持稳定，平均值为 $26.65\mu g/L$。

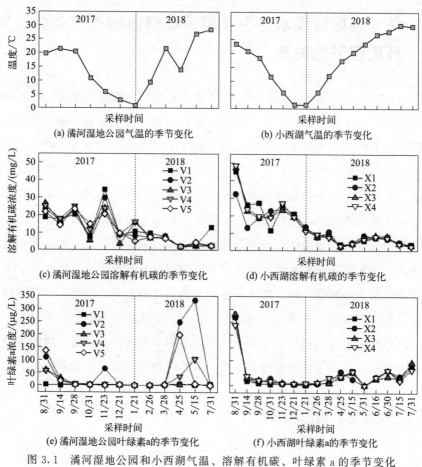

图 3.1　潏河湿地公园和小西湖气温、溶解有机碳、叶绿素 a 的季节变化

3.2.2　营养盐的季节变化

　　研究区域各采样点的 TN 和 TDN（总溶解性氮）的季节变化如图 3.2 所示。小西湖全年 TN 浓度远远大于潏河湿地公园，但变化规律基本相似。潏河湿地公园 TN 从 2017 年 8 月的 0.67mg/L 逐渐增加到 9 月底的 4.47mg/L，随后，TN浓度逐渐下降，10 月到次年 7 月基本维持平稳。潏河湿地公园 TDN 的变化规律与 TN 基本相同，变化范围为 0.52～3.46mg/L。

　　小西湖 TN 浓度从 8 月到次年 1 月波动变化，最小值出现在 8 月，为 2.37mg/L。随后 TN 浓度快速上升，在 9 月初达到最大值 13.46mg/L，2 月开始逐渐下降。小西湖 TDN 的变化规律与 TN 基本相同。变化范围为 0.71～13.32mg/L。

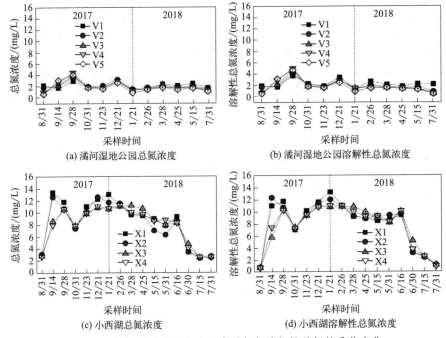

图 3.2　灞河湿地公园和小西湖总氮与溶解性总氮的季节变化

研究区域各采样点的 TP 和 TDP 的浓度季节变化如图 3.3 所示。灞河湿地公园 TP 浓度从 8 月份逐渐增大，并在 9 月底达到最大值 0.139mg/L，随后，TP 浓度快速下降，11 月降到最低值 0.004mg/L，12 月到次年 5 月基本保持稳定。灞河湿地公园 TDP 的变化规律与 TP 基本相似。TDP 浓度的变化范围为 0.001～0.085mg/L。

小西湖 TP 浓度在 8 月达到全年最高值为 0.121mg/L，在 9 月底降到最小，为 0.020mg/L。而小西湖 TDP 在 8 月到次年 2 月有明显波动，并在 10 月达到最高值 0.085mg/L，2018 年 3 月开始基本保持稳定。

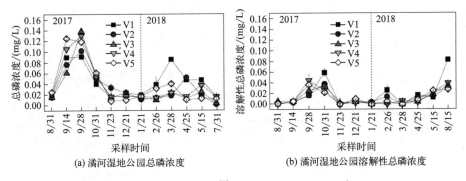

图 3.3

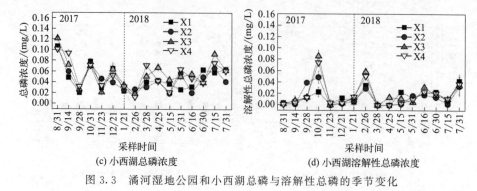

(c) 小西湖总磷浓度   (d) 小西湖溶解性总磷浓度

图 3.3　滻河湿地公园和小西湖总磷与溶解性总磷的季节变化

研究区域各采样点的 TN/TP 的时空变化如图 3.4 所示，小西湖全年 TN/TP 大于滻河湿地公园，且波动较大。在 2 月份达到最大值 905.97，最小值为 23.53。滻河湿地公园 TN/TP 基本保持稳定，全年平均值约为 83.37。

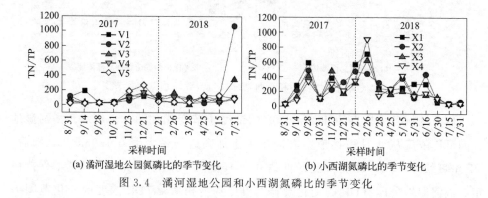

(a) 滻河湿地公园氮磷比的季节变化   (b) 小西湖氮磷比的季节变化

图 3.4　滻河湿地公园和小西湖氮磷比的季节变化

研究区域各采样点的 $NO_3^- \text{-} N$ 和 $NH_4^+ \text{-} N$ 的浓度平均值如图 3.5 所示。两个研究区域 $NO_3^- \text{-} N$ 浓度的变化规律与 TN 浓度基本一致。$NH_4^+ \text{-} N$ 浓度差别不大，滻河湿地公园 $NH_4^+ \text{-} N$ 浓度在 4 月达到最大值 0.58mg/L，5 月初降到最小值 0.01mg/L。小西湖 $NH_4^+ \text{-} N$ 浓度在 1 月达到最大值 0.54mg/L，在 5 月初降到最小值 0.04mg/L。

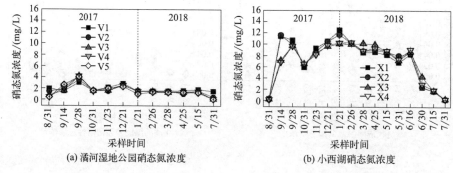

(a) 滻河湿地公园硝态氮浓度   (b) 小西湖硝态氮浓度

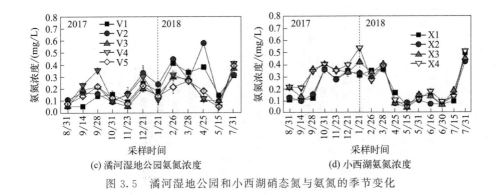

(c) 潏河湿地公园氨氮浓度　　　　　(d) 小西湖氨氮浓度

图 3.5　潏河湿地公园和小西湖硝态氮与氨氮的季节变化

3.2.3　藻类生物量与优势种的季节变化

3.2.3.1　浮游藻类不同门类的生物量大小

潏河湿地公园和小西湖各采样点，浮游藻类不同门类的生物量季节变化如图 3.6 所示。整个采样期间浮游藻类群落呈现出显著的季节演替规律。

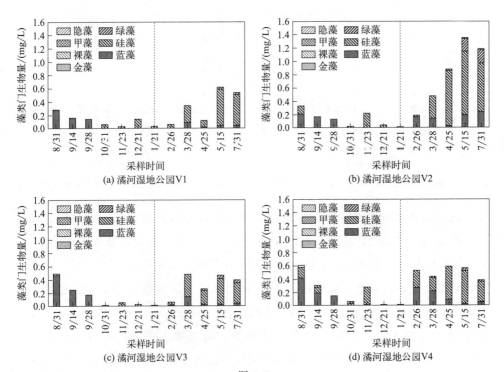

(a) 潏河湿地公园V1　　　　　(b) 潏河湿地公园V2

(c) 潏河湿地公园V3　　　　　(d) 潏河湿地公园V4

图 3.6

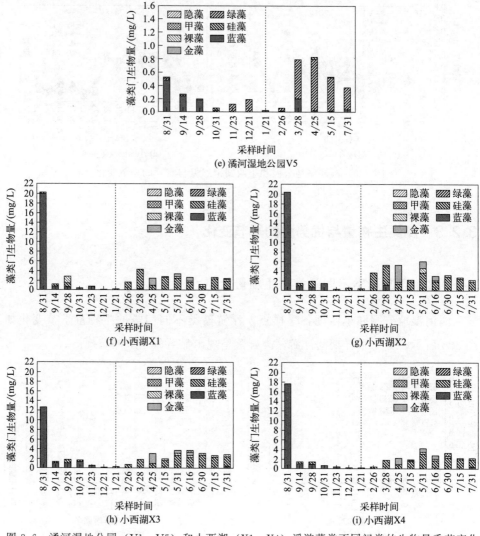

图 3.6 潏河湿地公园（V1～V5）和小西湖（X1～X4）浮游藻类不同门类的生物量季节变化

潏河湿地公园共鉴定出浮游藻类群落 7 门，分别是蓝藻门、绿藻门、硅藻门、裸藻门、甲藻门、金藻门和隐藻门。由图 3.6 可以看出，蓝藻门在 2017 年 8 月和 9 月占优，生物量最大达到 0.48mg/L（2017 年 8 月 31 日）。从 10 月份开始，蓝藻的生物量开始大幅度减小。10 月到次年 7 月硅藻生物量总体呈增加趋势，并逐渐演变为优势藻种，最大生物量达到 0.95mg/L（2018 年 5 月 15 日）。2018 年 1 月份开始，蓝藻生物量开始增加，但总体上仍然是硅藻占优势。从图 3.6 中可以看出，10 月份 V4 和 V5 采样点出现了大量的裸藻，且 V5 采样点裸藻占优势。其他门类全年生物量较小。

小西湖共鉴定出浮游藻类群落 7 门，分别是蓝藻门、绿藻门、硅藻门、裸藻门、甲藻门、金藻门和隐藻门。其浮游藻类的季节演替规律与灞河湿地公园基本相似，8 月到 11 月均是蓝藻占优，生物量最大达到 20.18mg/L（2017 年 8 月 31 日）。12 月到次年 7 月硅藻逐渐演变为优势藻种，生物量最大为 4.03mg/L（2018 年 3 月 28 日）。其中，2018 年 4 月小西湖出现了大量金藻，且为优势藻种。其他门类的生物量在全年均较小。

3.2.3.2　浮游藻类优势种的季节演替

灞河湿地公园共鉴定出浮游藻类 43 属，隶属 7 门。其中，蓝藻门共鉴定出 7 属；硅藻门共鉴定出 14 属；绿藻门共鉴定出 18 属；甲藻门共鉴定出 1 属；裸藻门共鉴定出 1 属；金藻门共鉴定出 1 属；隐藻门共鉴定出 1 属。小西湖共鉴定出浮游藻类 44 属，隶属 7 门。其中，蓝藻门鉴定出 7 属；硅藻门鉴定出 14 属；绿藻门共鉴定出 19 属；甲藻门共鉴定出 1 属；裸藻门共鉴定出 1 属；金藻门共鉴定出 1 属；隐藻门共鉴定出 1 属。

两个研究区域浮游藻类的季节演替规律基本相似。夏季温度高时，优势藻种均为微囊藻属，随着温度的降低，冬季以喜低温的硅藻门占优。到次年的 7 月依然是硅藻占优。其中灞河湿地公园的优势藻种为舟形藻属，小西湖为针杆藻属。

3.2.3.3　浮游藻类门类与环境因子的关系

分别对灞河湿地公园［图 3.7(a)］和小西湖［图 3.7(b)］的浮游藻类门类和环境因子之间的关系进行 RDA 分析。灞河湿地公园的前两个 RDA 环境变量轴共解释了 46.08% 的浮游藻类变化。第一和第二排序轴分别贡献了 27.46% 和 18.62%。分析结果显示，由于季节的差异，不同的优势藻种受环境因子的影响程度不同。蓝藻门和硅藻门与 T 和 TP 关系密切，二者均与 T 呈正相关。其中，蓝藻与 TP 呈正相关，硅藻与 TP 呈负相关。裸藻与 TDP 呈正相关，与 T 和 TP 呈负相关；硅藻与 T 呈正相关，与 TP 呈负相关。

小西湖的前两个 RDA 环境变量轴共解释了 75.43% 的浮游藻类变化。第一和第二排序轴分别贡献了 63.85% 和 11.58%。分析结果显示，蓝藻门与 T、Chl-a 和 TP 呈正相关，与 TN、TDN 和 NO_3^--N 呈负相关。而硅藻门则与 T 和 NO_3^--N 呈正相关，与 TDP 和 DOC 呈负相关。

RDA 结果显示，两个湖泊中蓝藻均与温度呈现显著的正相关关系。与其他浮游藻类相比，蓝藻对高温的耐受力强，最适生长温度为 25～30℃，大量实地

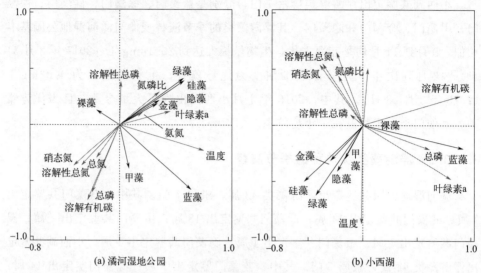

图 3.7　潏河湿地公园和小西湖浮游藻类门类与环境因子的 RDA 排序

调查和统计分析结果表明，夏季高温是造成蓝藻占优的直接原因。与蓝藻相比，硅藻容易在冬季占优。除温度外，P 浓度也是影响蓝藻和硅藻竞争的重要因素。RDA 结果显示，两个湖泊中，TP 均与蓝藻生物量呈现正相关关系，而与硅藻生物量呈现负相关关系，表明 P 浓度的下降有利于硅藻的生长而不利于蓝藻的生长。以往的研究也表明，蓝藻生长所需的最适 P 浓度往往大于硅藻，而硅藻具有较强的 P 储存能力，在低 P 条件下具有显著的生长优势。本研究中，2017 年夏季至冬季，两个湖泊内 TP 浓度总体呈减小趋势，硅藻逐渐替代蓝藻成为优势种。尽管 2018 年春季至夏季两个湖泊 TP 浓度有所升高，但仍低于 2017 年 TP 水平，导致 2018 年夏季两个湖泊中硅藻仍是优势种。此外，2017 年 11 月之后，两个湖泊水体中 TDP 浓度均维持在 0.02mg/L 左右。有报道指出，0.02mg/L 的 P 浓度可以限制太湖水体中微囊藻的生长。室内培养试验也表明，0.02mg/L 的 P 能够抑制蓝藻生长，但对硅藻的生长影响不大。因此，2017 年 11 月之后，两个湖泊均处于长期 P 限制状态，蓝藻的生长速率远远小于硅藻的生长速率，导致硅藻生物量持续占优。

3.2.3.4　浮游藻类优势种与环境因子的关系

分别对潏河湿地公园［图 3.8(a)］和小西湖［图 3.8(b)］的优势藻种和环境因子之间的关系进行 RDA 分析。潏河湿地公园的前两个 RDA 环境变量轴共解释了 45.14% 的浮游藻类变化。第一和第二排序轴分别贡献了 34.93% 和 10.21%。

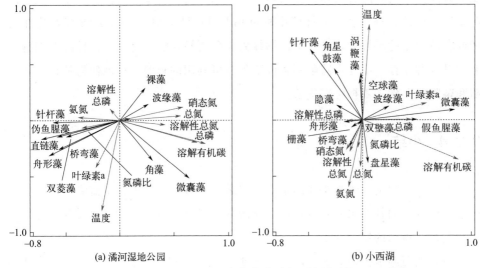

图 3.8 浐河湿地公园和小西湖优势藻种与环境因子的 RDA 排序

分析结果显示，由于季节的差异，不同的优势藻种受环境因子的影响程度不同。其中，微囊藻与 T、TP 和 DOC 呈正相关；与 NH_4^+-N 呈负相关；裸藻与 TDP 呈正相关，与 T 和 Chl-a 呈负相关；而舟形藻与 T 和 Chl-a 呈正相关，与 NO_3^--N、TDP 和 TDN 呈负相关。

小西湖的前两个 RDA 环境变量轴共解释了 63.54% 的浮游藻类变化。第一和第二排序轴分别贡献了 58.25% 和 5.29%。分析结果显示，微囊藻与 T 和 Chl-a 呈正相关，与 TN、TDN、NH_4^+-N、NO_3^--N 和 TDP 呈负相关。而针杆藻与 T 呈正相关，与 TP、TDP、NH_4^+-N 和 DOC 呈负相关。

RDA 结果显示，两个湖泊中微囊藻生物量均与温度呈正相关。大量研究发现，水温是影响微囊藻水华的重要环境因子，微囊藻生物量随着温度的升高逐渐增大。Chen 等通过对太湖浮游藻类群落的长期研究发现，当温度为 18.2～32.5℃时，微囊藻大量繁殖形成水华。Xu 等通过比较微囊藻对不同温度的响应，发现其在高温下（30℃）生长速率显著增加。RDA 结果还显示微囊藻生物量与 TDP 呈负相关。Xie 等通过对武汉东湖的调查指出，富磷沉积物是水体中磷供应的重要来源，而微囊藻水华的暴发极大地激活了这一过程，微囊藻水华选择性地将磷从沉积物中释放出来。而本研究中的两个湖泊均为新建的景观水体，内源磷积累较少，释放潜力较小。因此随着微囊藻的增多，TDP 呈下降趋势。

此外，同属于硅藻门的舟形藻和针杆藻生物量均与温度呈正相关。其他研究也表明，硅藻生物量会随着温度的上升而增加。这可能是因为在野外监测中，气温的升高往往会伴随着自然光强的增加，从而有利于硅藻进行光合作用，促进细胞繁殖。另外，舟形藻和针杆藻生物量均与 TP 呈负相关。Gligora 等发现在无磷或者磷限制的环境中，针杆藻比铜绿微囊藻更易存活，这是由于针杆藻细胞中有大量磷源储存，因此在磷限制条件下仍有可利用的磷源，这就使得针杆藻在无磷和磷限制条件下占据生存优势。

3.2.4 小结

本节对关中地区景观水体的水质和浮游藻类群落组成进行了监测与分析，明确了该地区不同补给水源景观水体中浮游藻类群落的季节演替规律及其与环境因子的关系。得到的结论如下：

(1) 㶚河湿地公园共鉴定出浮游藻类 43 属，隶属 7 门。其中，蓝藻门共鉴定出 7 属；硅藻门共鉴定出 14 属；绿藻门共鉴定出 18 属；甲藻门共鉴定出 1 属；裸藻门共鉴定出 1 属；金藻门共鉴定出 1 属；隐藻门共鉴定出 1 属。小西湖共鉴定出浮游藻类 44 属，隶属 7 门。其中，蓝藻门鉴定出 7 属；硅藻门鉴定出 14 属；绿藻门共鉴定出 19 属；甲藻门共鉴定出 1 属；裸藻门共鉴定出 1 属；金藻门共鉴定出 1 属；隐藻门共鉴定出 1 属。

(2) 整个采样期间，两个湖泊中浮游藻类群落均呈现出显著且相似的季节演替规律。其中，㶚河湿地公园 2017 年 8 月和 9 月蓝藻门的微囊藻属占优，10 月到次年 7 月硅藻门的舟形藻属占优。小西湖 2017 年 8 月至 11 月蓝藻门的微囊藻属占优，12 月至次年 7 月基本上以硅藻门的针杆藻属为主。

(3) RDA 结果显示，两个湖泊中蓝藻和硅藻均与温度呈正相关。其中，蓝藻与 TP 呈正相关，而硅藻与 TP 呈负相关。另外，两个湖泊中的微囊藻属均与温度呈正相关，与 TDP 呈负相关。同属于硅藻门的舟形藻属和针杆藻属均与温度呈正相关，而与 TP 呈负相关。

3.3 渭河陕西段浮游藻类群落组成及其与环境因子的关系

随着人类社会及经济的快速发展，内陆河流由于自然和人为因素出现了不同程度的富营养化问题。富营养化状态的及时监测，有利于有效预防水华的暴发，维护水生态系统的稳定。因此，本节选取了渭河陕西段作为研究对象，于 2017 年 8 月沿河进行样品收集，采集水样和浮游藻类样本，测定各项常规水质指标，并对各水体进行富营养化水平评价；同时对浮游藻类群落进行鉴定与计数。通过 RDA 对环境因子与常见藻种之间的关系进行分析，最终明确不同富营养化水平下，渭河中浮游藻类的群落组成及其与环境因子的关系。

3.3.1　水质特征

表 3.3 所列为渭河陕西段各采样点的水质特征。可以看出，研究区域各采样点的 TN 浓度变化范围为 1.63~21.25mg/L，平均值为 5.81mg/L。其中 W2 点浓度最低，为 1.63mg/L，S1 点浓度最高，达到 21.25mg/L。

从表 3.3 中可以看出，研究区域各采样点的 NO_3^--N 浓度变化范围为 0.65~16.20mg/L，平均值为 3.17mg/L。其中 F1 点和 F2 点浓度最低，为 0.65mg/L。S1 点浓度最高，达到 16.20mg/L。研究区域各采样点 NH_4^+-N 的浓度变化范围为 0.08~4.03mg/L，平均值为 1.16mg/L。其中 L1 点的 NH_4^+-N 浓度最低，为 0.08mg/L，W7 点的 NH_4^+-N 浓度最高，为 4.03mg/L。

研究区域各采样点的 TP 浓度的变化范围为 0.005~0.721mg/L，平均值为 0.086mg/L。其中 W1 点的 TP 浓度值最低，为 0.005mg/L，W7 点的 TP 浓度值最大，为 0.721mg/L。研究区域各采样点的 TDP 的浓度变化范围为 0.003~0.516mg/L，平均值为 0.107mg/L。其中 W1 点的 TDP 浓度值最低，为 0.003mg/L。W7 点的 TDP 浓度值最高，为 0.516mg/L。

研究区域各采样点 DOC 的浓度变化范围为 3.79~36.78mg/L，其中 W8（36.05mg/L）、L2（36.78mg/L）和 H2（32.38mg/L）浓度较大。由表 3.3 可以看出，研究区域各采样点 Chl-a 的浓度变化范围为 1.07~73.89μg/L，平均值为 14.33μg/L。其中 W2 点的 Chl-a 值最小，为 1.07μg/L。L1 点的 Chl-a 值最大，为 73.89μg/L。

根据所测水质参数计算出各点的富营养化水平，包括中营养 5 点、轻度富营养 7 点、中度富营养 7 点和重度富营养 1 点（表 3.3）。

3.3.2　浮游藻类群落组成

本研究共鉴定出浮游藻类 106 种，隶属于 5 门 44 属（图 3.9，图 3.10）。其中硅藻门的种类最多，共 19 属 41 种。绿藻门次之，共 14 属 35 种。蓝藻门共 8 属 21 种。裸藻门共 2 属 8 种。甲藻门共 1 属 1 种。研究区域的 21 个采样点中共

表3.3　渭河流域各采样点的环境指标

环境指标		W1	W2	W3	W4	W5	W6	W7	W8	W9	Q1	S1	X1	L1	L2	F1	F2	R1	H1	H2	B1	J1
TN /(mg/L)	Mean	2.92	1.63	3.36	3.58	7.52	7.40	11.91	3.95	8.25	7.13	21.25	3.83	4.03	7.38	3.47	3.21	5.06	5.62	4.12	3.60	2.76
	SD	0.01	0.06	0.03	0.02	0.05	0.09	0.04	0.00	0.11	0	0.02	0.01	0.03	0.02	0.08	0.01	0.03	0.02	0.01	0.05	0.07
NH_4^+-N /(mg/L)	Mean	0.86	0.89	2.60	0.54	0.56	0.29	4.03	1.60	1.13	0.38	0.12	0.99	0.08	1.43	0.54	0.59	0.57	1.47	3.27	1.14	1.24
	SD	0.05	0.01	0.05	0.02	0.05	0.03	0.09	0.04	0.03	0.02	0.01	0.04	0.01	0.06	0.03	0.03	0.04	0.01	0.08	0.03	0.02
NO_3^--N /(mg/L)	Mean	0.68	0.72	2.00	2.95	6.89	5.02	7.43	0.96	6.30	0.67	16.20	0.74	2.40	3.46	0.65	0.65	2.15	3.50	0.74	1.41	1.12
	SD	0.02	0.03	0.04	0.02	0.01	0.05	0.06	0.05	0.03	0	0.01	0.01	0.02	0.03	0.01	0.04	0.03	0.05	0.01	0.02	0.06
TP /(mg/L)	Mean	0.005	0.018	0.168	0.026	0.086	0.069	0.721	0.144	0.119	0.153	ND	0.316	ND	0.31	0.081	0.087	0.101	0.101	0.307	0.079	0.155
	SD	0.005	0.005	0.018	0.003	0.003	0.003	0.018	0.022		0	—		ND	0.005	0.016	0.011	0.011	0.02	0.022	0.013	0.069
TDP /(mg/L)	Mean	0.003	0.014	0.004	0.020	0.065	0.040	0.516	0.090	0.087	0.031	ND	0.270	ND	0.292	0.079	0.079	0.098	0.054	0.216	0.014	0.067
	SD	0.011	0	0.001	0.003	0.003	0.017	0.006	0.006	0.017	0	—	0.003	—	0.005	0.011	0.023	0.022	0.017	0.023	0.006	0.017
DOC /(mg/L)	Mean	4.51	9.49	3.79	5.25	17.61	17.30	19.71	36.05	12.58	23.73	2.72	15.66	22.11	36.78	30.28	27.5	30.62	22.83	32.38	20.73	19.58
	SD	0.24	0.76	0.12	0.06	0.67	1.00	0.45	0.95	0.11	0.44	0.23	0.28	4.12	2.35	1.15	1.09	6.63	4.85	4.72	2.54	0.85
Chl-a /(μg/L)	Mean.	2.05	1.07	2.86	1.99	1.77	9.26	14.18	21.59	13.74	28.43	2.68	2.55	73.89	4.33	8.76	54.22	4.87	7.83	25.24	12.42	7.10
	SD	0.15	0.08	0.06	0.04	0.40	0.77	1.13	2.51	1.26	1.70	0.16	0.24	3.13	1.06	1.51	2.92	0.06	0.70	2.58	1.55	0.34
TSI		37	37	56	46	54	61	76	65	66	70	40	59	47	65	58	66	58	61	70	59	59
营养状态		Ⅰ	Ⅰ	Ⅱ	Ⅰ	Ⅱ	Ⅲ	Ⅳ	Ⅲ	Ⅲ	Ⅲ	Ⅰ	Ⅱ	Ⅰ	Ⅲ	Ⅱ	Ⅲ	Ⅱ	Ⅲ	Ⅲ	Ⅱ	Ⅱ

注：ND代表未检出；Mean为平均值；SD为标准差；Ⅰ为低营养状态；Ⅱ为中营养状态；Ⅲ为富营养状态；Ⅳ为超富营养状态。

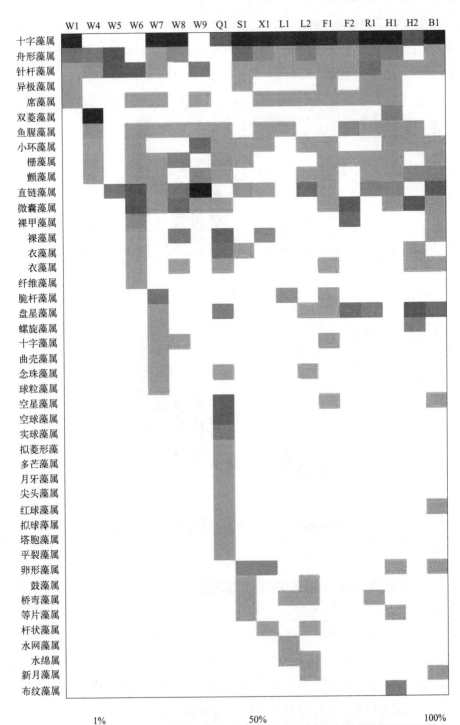

图 3.9　各采样点不同种类浮游藻类的相对丰度

（其中白色部分表示该属未检出，W2、W3、J1 均未检出浮游藻类）

有 6 个优势属 [图 3.10(b)]，其中，硅藻门在大多数采样点均占优，占比均值为 87.1%。蓝藻门（微囊藻属）主要分布在 H2、F2 和 W6 采样点。绿藻门（盘星藻属）主要分布在支流的 B1 和 H2 采样点（图 3.10）。

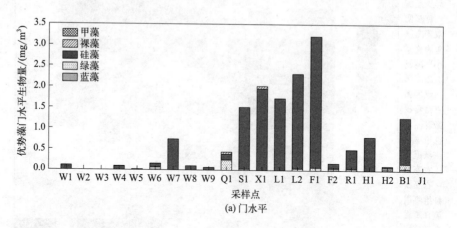

(a)门水平

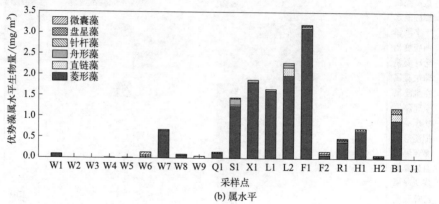

(b)属水平

图 3.10　渭河流域采样点各门（a）和优势藻属（b）的生物量

3.3.3　富营养化与浮游藻类群落的关系

本研究发现（图 3.11、图 3.12），硅藻门（菱形藻属）在绝大多数采样点占优，占比 86%～100%。当达到中度（60＜TSI≤70）及重度富营养化水平（TSI＞70）时绿藻门（盘星藻属）和蓝藻门（微囊藻属）比例有所上升，有取代硅藻门成为主要门类的趋势，占比分别可达到 60% 和 27%。

本研究调查的渭河流域河流生态系统中，大多数采样点是硅藻占优。这符合河流生态系统中硅藻容易成为优势藻种的一般认识。随着富营养化水平的升高，

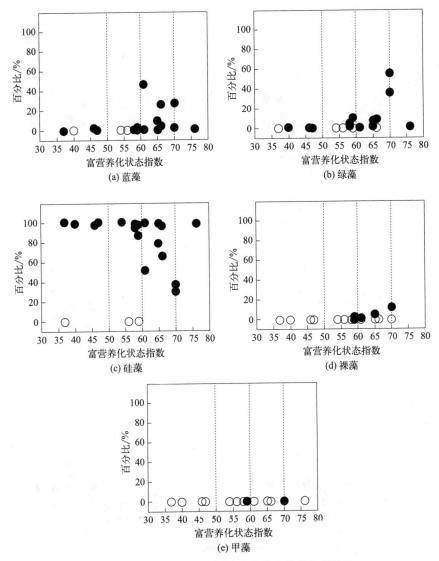

图 3.11　浮游藻类门与富营养化状态指数的相关性

(黑色的点表征小图所属的浮游藻门，白色的点不包含表征小图所研究浮游藻门)

部分采样点蓝藻和绿藻的比例上升，逐渐显现出蓝藻和绿藻取代了硅藻的优势地位的趋势，如采样点 W6、Q1、F2 和 H2。Eloranta 等研究了芬兰 58 个不同富营养化水平湖泊中的优势藻种，发现在轻度和中度富营养水平下硅藻和隐藻占优，在重度富营养化水平下蓝藻和绿藻占优。Duarte 等在佛罗里达州 165 个湖泊中发现，中营养水平下硅藻占优，富营养水平下蓝藻占优。可见，随着富营养化水平的提高，蓝藻容易取代硅藻成为优势种。

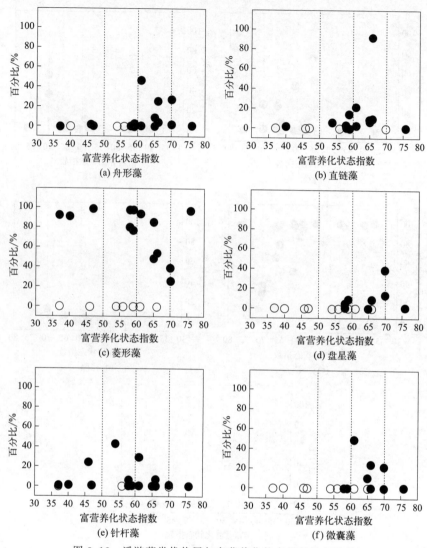

图 3.12 浮游藻类优势属与富营养化状态指数的相关性

氮磷比是决定蓝藻是否占优的重要环境因素。一般认为，当氮磷比低于 29 时，容易出现蓝藻水华。在美国佛罗里达的 Okeechobee 湖中也发现在氮磷比很低（<11）的条件下固氮蓝藻（鱼腥藻）占优。太湖在氮磷比较低的条件下同样为蓝藻占优。在本研究中，与其他点位相比，蓝藻在 H2、F2 和 W6 比例较大，这三个采样点均为中度富营养化，氮磷比分别为 13、37 和 107。可见，本研究区域中蓝藻的占优并不是低氮磷比造成的。不过，这三点均处于坝上水面开阔区域，水流缓慢，较低的流速更适合蓝藻的生长而不利于硅藻的生长。同时，蓝藻在相对静止的水体中更容易上浮在局部区域聚集，容易表现出蓝藻占优的现象。

本研究中大多数采样点以硅藻门的菱形藻为优势藻种，生长在氮磷比为 12.12～55.64 的范围内，而 Chen 却在大亚湾发现菱形藻在氮磷比为 6.21～32.98 范围内易出现。Q1 和 H2 盘星藻比例较大，W6、H2 和 F2 微囊藻比例较大，这两种藻类适宜生长在富营养化程度较高（TSI＞61）的环境中，这与前人的研究结果相似。另外本研究中微囊藻生长区域水流较缓，容易聚集，这也符合人们对微囊藻适宜生长环境的一般认识。

3.3.4　浮游藻类门类与环境因子的关系

在环境因子与浮游藻类所属门类关系图（图 3.13）中，轴 1 和轴 2 的特征值分别为 0.38 和 0.04，所选的环境因子共解释了 43.30％的浮游藻类所属门类变化信息。前两轴累计解释了 42.50％的物种变化信息和 98.20％的物种环境关系信息。环境因子和浮游藻类主要门类与 4 个特征轴的相关性分别为 0.65、0.82、0.90 和 0.33。

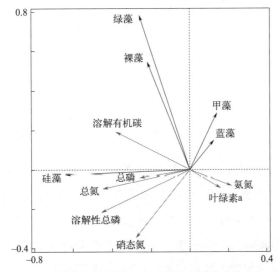

图 3.13　浮游藻类门类与相关环境因子的 RDA 排序

如图 3.13 所示，硅藻主要受 TN、TDP 和 DOC 的影响，且与它们呈正相关关系。绿藻和裸藻主要受 NO_3^--N 和 DOC 的影响，且与 DOC 呈正相关关系，与 NO_3^--N 呈负相关关系。甲藻和蓝藻主要受 TDP、NO_3^--N、TN 和 TP 的影响，且与它们呈负相关关系。由分析可知，NO_3^--N、TP、TN 和 DOC 与浮游藻类门类演替关系密切。

3.3.5 浮游藻类优势种与环境因子的关系

在环境因子与浮游藻类优势种的关系图（图 3.14）中，轴 1 和轴 2 的特征值分别为 0.36 和 0.01，所选的环境因子共解释了 40.00％的浮游藻类优势种的物种变化信息。前两轴累计解释了 38.9％的物种变化信息和 96.90％物种环境关系信息。环境因子和浮游藻类优势种与 4 个特征轴的相关性分别为 0.64、0.73、0.41 和 0.48。

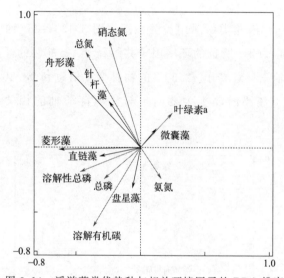

图 3.14　浮游藻类优势种与相关环境因子的 RDA 排序

如图 3.14 所示，盘星藻主要受 TN、$NO_3^- $-N 和 DOC 的影响，且与 DOC 呈正相关关系，与 TN 和 NO_3^--N 呈负相关关系。舟形藻和针杆藻主要受 TN、NO_3^--N 和 NH_4^+-N 的影响，且与 TN 和 NO_3^--N 呈正相关关系，与 NH_4^+-N 呈负相关关系。菱形藻和直链藻主要受 TDP、TN 和 DOC 的影响，且与它们呈正相关关系。微囊藻主要受 Chl-a、DOC、TDP 和 TP 的影响，且与 Chl-a 呈正相关关系，与 TDP、TP 和 DOC 呈负相关关系。由分析可知，TDP、DOC、TN 和 TP 与浮游藻类优势藻种演替关系密切。

3.3.6　小结

本节对渭河陕西段的浮游藻类群落组成及其环境因子进行了研究，明确了该地区不同富营养化水平河段中浮游藻类群落组成及其与环境因子的关系。得到的结论如下：

（1）硅藻门的种类最多，共 19 属 41 种。绿藻次之，共 14 属 35 种。蓝藻门共 8 属 21 种。裸藻门共 2 属 8 种。甲藻门共 1 属 1 种。

（2）硅藻门菱形藻属在绝大多数采样点占优，占比 86%～100%。当达到中度（60<TSI≤70）及重度富营养水平（TSI>70）时，绿藻门盘星藻属和蓝藻门微囊藻属比例有所上升，有取代硅藻门成为主要门类的趋势，占比分别可达到 60% 和 27%。

（3）RDA 结果显示，菱形藻和直链藻与 TDP、TN 和 DOC 的关系密切，且与它们呈正相关关系。微囊藻与 Chl-a、DOC、TDP 和 TP 关系密切，且与 Chl-a 呈正相关关系，与 TDP、TP、DOC 呈负相关关系。盘星藻与 TN、NO_3^--N 和 DOC 的关系密切，且与 DOC 呈正相关关系，与 TN 和 NO_3^--N 呈负相关关系。舟形藻和针杆藻与 TN、NO_3^--N、和 NH_4^+-N 的关系密切，且与 TN 和 NO_3^--N 呈正相关关系，与 NH_4^+-N 呈负相关关系。

3.4　陕南山塘浮游藻类群落组成及其与环境因子的关系

3.4.1　海拔和水质的空间变化

研究区域水体的海拔和 DOC 的空间变化如图 3.15 所示。海拔在 S1～S27 之间波动较大，在 S28～S41 之间波动较小。各采样点海拔的平均值为 590.41m。最低

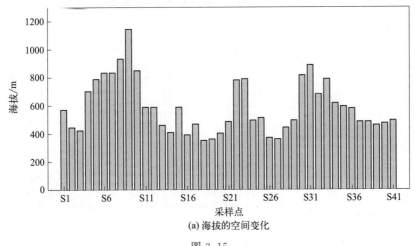

(a) 海拔的空间变化

图 3.15

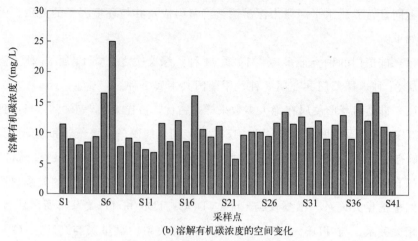

(b) 溶解有机碳浓度的空间变化

图 3.15　海拔高度和溶解性有机碳浓度的空间变化

值出现在 S18 点，为 350m，最高值出现在 S9 点，达到 1141m。DOC 浓度在 S7 点达到最大，为 25mg/L。在其他各点间波动较小。DOC 浓度平均值为 11.00mg/L。S22 点的 DOC 浓度最小，为 5.81mg/L。

3.4.2　营养盐的空间变化

研究区域各采样点的 TN、TDN 的空间变化如图 3.16(a)、(b) 所示。其中，TN 浓度的平均值为 1.78mg/L。TN 浓度在 S13 点最小，为 0.58mg/L，在 S28 点达到最大，为 4.54mg/L。TDN 的变化规律与 TN 一致，平均值为 1.39mg/L。在 S36 点值最小，为 0.37mg/L，在 S28 点浓度最大，为 3.42mg/L。

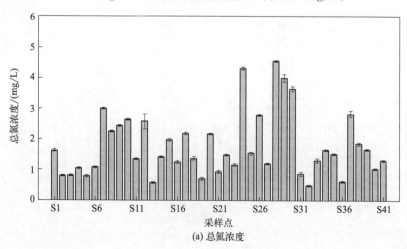

(a) 总氮浓度

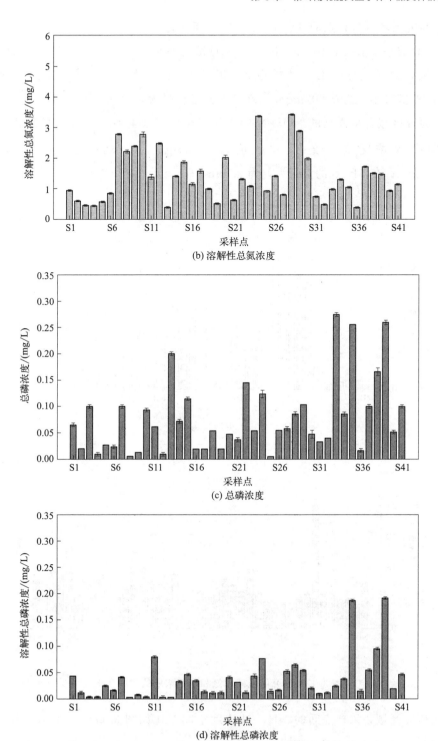

(b) 溶解性总氮浓度

(c) 总磷浓度

(d) 溶解性总磷浓度

图 3.16　研究区域总氮、溶解性总氮、总磷、溶解性总磷浓度的空间变化

研究区域各采样点的 TP 和 TDP 的空间变化如图 3.16(c)，（d）所示。其中，TP 的平均值为 0.077mg/L。在 S8 点浓度最小，为 0.005mg/L。在 S33 点值最大，为 0.274mg/L。TDP 的变化规律与 TP 一致，平均值为 0.037mg/L。在 S8 点值最小，为 0.002mg/L，在 S39 点的值最大，为 0.191mg/L。

研究区域各采样点的 NO_3^--N 的空间变化如图 3.17(a) 所示。各采样点间的 NO_3^--N 浓度差异较大，平均值为 0.73mg/L。在 S18 点的值最小，为 0.06mg/L；在 S10 点的值最大，为 2.49mg/L。

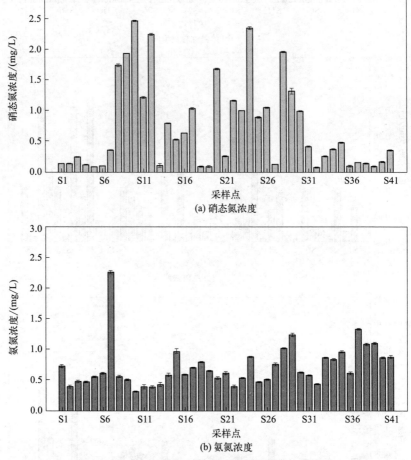

(a) 硝态氮浓度

(b) 氨氮浓度

图 3.17　研究区域硝态氮和氨氮浓度的空间变化

研究区域各采样点间的 NH_4^+-N 浓度空间变化如图 3.17(b) 所示。各采样点间的 NH_4^+-N 浓度差异较小，平均值为 0.72mg/L。在 S10 点的值最小，为 0.31mg/L。在 S7 点的值最大，达到 2.26mg/L。

研究区域各采样点的 TN/TP 的空间变化如图 3.18 所示。大部分采样点的 TN/TP 值集中在 20～50 之间，少数采样点偏大。TN/TP 平均值为 57.97。在 S13 点的值最小，为 2.88。在 S8 点的值最大，达到 413.00。

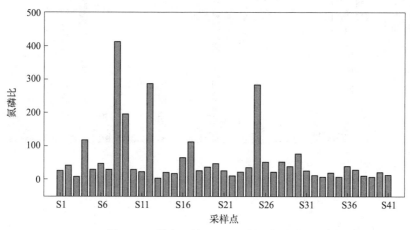

图 3.18　研究区域 TN/TP 的空间变化

3.4.3　浮游藻类群落组成及优势藻种

3.4.3.1　浮游藻类群落组成

陕南山塘各采样点的浮游藻类群落组成丰富。共鉴定出浮游藻类 325 种，隶属 8 门 114 属（图 3.19）。其中，绿藻门的种类最多，共鉴定出 48 属 116 种。硅藻门次之，共鉴定出 30 属 112 种。蓝藻门共鉴定出 21 属 58 种。甲藻门共鉴定出 5 属 11 种。裸藻门共鉴定出 4 属 21 种。隐藻门共鉴定出 2 属 3 种。金藻门共鉴定出 2 属 2 种。黄藻门共鉴定出 2 属 2 种。由图 3.19 可知，各采样点的浮游藻类总生物量平均值为 15.84mg/L。S18 点的浮游藻类总生物量最大，达到 138.33mg/L。S22 点的浮游藻类总生物量最小，为 0.02mg/L。从生物量组成上看，陕南山塘浮游藻类群落呈现一定的空间变化，其中硅藻门和绿藻门在大多数采样点占优。隐藻门主要在安康市岚皋县、汉中市西乡县和洋县（S24、S28 和 S41）具有较大生物量。甲藻门在旬阳市占优。蓝藻门和裸藻门出现在大多数采样点，但由于其生物量较小，没有成为优势藻种。金藻门、隐藻门和甲藻门仅在少数采样点出现。

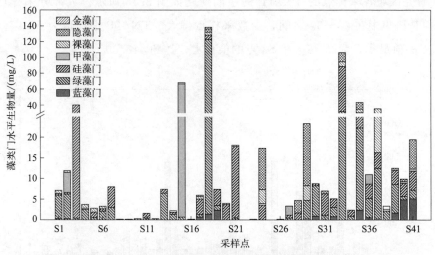

图 3.19　浮游藻类门水平生物量的空间变化

3.4.3.2　优势藻种

研究区域的 41 个采样点中共鉴定出 6 个优势藻属（图 3.20）：菱形藻属、曲壳藻属、舟形藻属、桥弯藻属、隐藻属和裸藻属。其中，菱形藻属在大多数采样点占优。隐藻属和裸藻属主要集中在旬阳市至汉中市汉台区（S15～S37）之间。曲壳藻属主要在商洛市丹凤县至安康市岚皋县（S3～S24）之间占优。舟型藻属和桥弯藻属作为优势藻种在各采样点间分布较为分散。

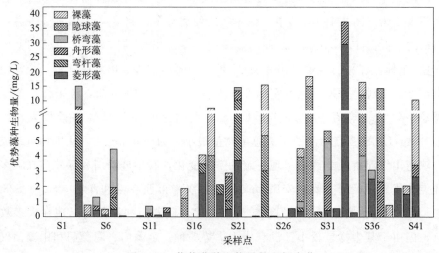

图 3.20　优势藻种生物量的空间变化

3.4.4　浮游藻类门类与环境因子的关系

在环境因子与浮游藻类所属门类的关系图中（图 3.21），轴 1 和轴 2 的特征值分别为 0.24 和 0.07，所选的环境因子共解释了 38.9% 的浮游藻类所属门类变化信息。前两轴累计解释了 30.62% 的物种变化信息和 78.78% 的物种环境关系信息。环境因子和浮游藻类门类与 4 个特征轴的相关性分别为 0.70、0.76、0.54、0.43。如图 3.21 所示，硅藻门和绿藻门与 TDP、TP、NH_4^+-N 呈正相关，与 TDN、NO_3^--N、TN/TP 和 TN 呈负相关。蓝藻门和甲藻门与 NH_4^+-N、DOC 呈正相关，与 TN、TDN、NO_3^--N 和 TN/TP 呈负相关关系。裸藻门和隐藻门与 TDP、TP、NH_4^+-N 呈正相关，与 TN/TP 呈负相关。金藻门与 DOC 呈正相关，与 TN、TDN、TN/TP 呈负相关。分析可知，TP、NO_3^--N 和 TDN 与浮游藻类门类演替关系密切。

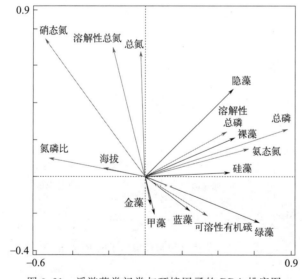

图 3.21　浮游藻类门类与环境因子的 RDA 排序图

水体营养盐浓度是影响浮游藻类生长代谢的重要环境因子。RDA 结果显示，硅藻门和绿藻门的生物量均与 TP 呈正相关，表明 P 浓度的上升有利于硅藻门和绿藻门的生长。陕南山塘多为相对静止水体，硅藻门的比生长速率和 P 吸收均显著高于流速较快的水体。本研究各采样点 TP 浓度维持在 0.077mg/L 左右。P浓度超过 0.01mg/L 时，浮游藻类的生长将不受到限制。秦伯强研究表明，当水体处于营养盐充足的条件下，蓝藻门无法成为优势藻种。蓝藻容易在 P 浓度较低的环境中大量繁殖。而当 P 浓度较高时，硅藻和绿藻更具竞争优势。

3.4.5 优势藻种与环境因子的关系

在环境因子与浮游藻类优势种的关系图中（图 3.22），轴 1 和轴 2 的特征值分别为 0.16 和 0.12，所选的环境因子共解释了 32.80% 的浮游藻类优势种的物种变化信息。前两轴累计解释了 28.50% 的物种变化信息和 86.83% 的物种环境关系信息。环境因子和浮游藻类优势种与 4 个特征轴的相关性分别为 0.68、0.63、0.43 和 0.37。如图 3.22 所示，菱形藻、舟形藻、弯杆藻和桥弯藻均与 TP 成呈正相关，与 TN 呈负相关。隐球藻和裸藻与 TDP、NH_4^+-N 和 TN 呈正相关，与 TN/TP 呈负相关。分析可知，TP、NH_4^+-N 和 TN 与浮游藻类优势藻种演替关系密切。

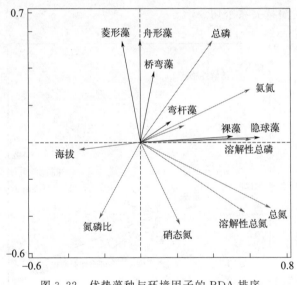

图 3.22 优势藻种与环境因子的 RDA 排序

调查发现，菱形藻属在大多数采样点占优。RDA 结果显示，菱形藻属与 TP 呈正相关。大量研究表明，P 是影响菱形藻属生长的重要环境因子。高崎等通过对金沙江浮游藻类群落的调查发现，菱形藻属生物量与 TP 浓度呈显著正相关。王瑶华等研究指出，菱形藻属的繁殖速率随着 P 浓度的升高而加快。RDA 结果还显示，菱形藻属与 TN 呈负相关。苏群等研究发现，随着 N 浓度的升高，菱形藻属的生长速率逐渐降低。吕颂辉等发现，过高的 N 浓度会明显抑制菱形藻属的生长。因此菱形藻属易于在高 P 低 N 条件下占据生存优势。

3.4.6 小结

本节对陕南山塘的浮游藻类群落组成及其与环境因子的关系进行了研究，明确了该地区不同山塘水体中浮游藻类群落组成及其与环境因子的关系。得到的结论如下：

（1）研究区域各采样点共鉴定出浮游藻类 325 种，隶属 8 门 114 属。其中，绿藻门的种类最多，共鉴定出 48 属 116 种。硅藻门次之，共鉴定出 30 属 112 种。蓝藻门共鉴定出 21 属 58 种。甲藻门共鉴定出 5 属 11 种。裸藻门共鉴定出 4 属 21 种。隐藻门共鉴定出 2 属 3 种。金藻门共鉴定出 2 属 2 种。黄藻门共鉴定出 2 属 2 种。

（2）陕南山塘浮游藻类群落呈现一定的空间变化，其中硅藻门和绿藻门在大多数采样点占优。隐藻门主要在安康市岚皋县、汉中市西乡县和洋县（S24、S28 和 S41）具有较大生物量。甲藻门在旬阳市占优。

（3）菱形藻属在大多数采样点占优。隐藻属和裸藻属主要集中在旬阳市至汉中市汉台区（S15～S37）之间。曲壳藻属主要在商洛市丹凤县至安康市岚皋县（S3～S24）之间占优。舟形藻属和桥弯藻属作为优势藻属在各采样点间分布较为分散。

（4）RDA 结果显示，菱形藻属、舟形藻属、曲壳藻属和桥弯藻属与 TN 和 TP 关系密切。其中，菱形藻属、舟形藻属、曲壳藻属和桥弯藻属均与 TP 呈正相关，与 TN 呈负相关。隐藻属和裸藻属与 TDP、NH_4^+-N、TN、TN/TP 关系密切，其中，隐藻属和裸藻属与 TDP、NH_4^+-N 和 TN 呈正相关，与 TN/TP 呈负相关。

参考文献

[1] Ebina J，Tsutsui T，Shirai T. Simultaneous determination of total nitrogen and total phosphorus in water using peroxodisulfate oxidation. Water Research，1983，17（12）：1721-1726.

[2] Scor-Unesco W G. Determination of photosynthetic pigments. Determination of Photosynthetic Pigments in Sea-water，1966：9-18.

[3] Eker E，Georgieva L，Senichkina L，et al. Phytoplankton distribution in the western and eastern Black Sea in spring and autumn 1995. ICES Journal of Marine ence，1999，56（6）：15-22.

[4] 施之新. 中国淡水藻志：第六卷裸藻门. 北京：科学出版社，1999.

[5] 王全喜，何群，包文美. 东北淡水藻类的研究：Ⅱ黑龙江省水网藻科初报. 哈尔滨师范大学自然科学学报，1990（3）：74-84.

[6] 荆红卫，华蕾，孙成华，等. 北京城市湖泊富营养化评价与分析. 湖泊科学，2008，20（3）：357-363.

[7] 陈利顶，傅伯杰，张淑荣，等. 异质景观中非点源污染动态变化比较研究. 生态学报，2002，22

（6）：808-816.

[8] Deletic A B, Maksimovic C T. Evaluation of water quality factors in storm runoff from paved areas. Journal of Environmental Engineering, 1998, 124: 869-879.

[9] Aber J D, Goodale C L, Ollinger S V, et al. Is nitrogen deposition altering the nitrogen status of northeastern forests? BioScience, 2003, 53: 375-389.

[10] Reynolds C S, Padisak J, Sommer U. Intermediate disturbance in the ecology of phytoplankton and the maintenance of species diversity: a synthesis. Hydrobiologia, 1993, 249 (1-3): 183-188.

[11] Nalewajko C, Murphy T P. Effects of temperature, and availability of nitrogen and phosphorus on the abundance of Anabaena and Microcystis in Lake Biwa, Japan: an experimental approach. Limnology, 2001, 2 (1): 45-48.

[12] Dokulil M, Chen W, Cai Q. Anthropogenic iMPacts to large lakes in China: the Tai Hu example. Aquatic Ecosystem Health & Management, 2000, 3: 81-94.

[13] Robarts R D, Zohary T. Temperature effects on photosynthetic capacity, respiration, and growth rates of bloom-forming cyanobacteria. New Zealand Journal of Marine and Freshwater Research, 1987, 21 (3): 391-399.

[14] Grinten E V D, Janssen A P H M, Mutsert K D, et al. Temperature-and light-dependent performance of the cyanobacterium Leptolyngbya foveolarum and the diatom Nitzschia perminutain in mixed biofilms. Hydrobiologia, 2005, 548 (1): 267-278.

[15] Konopka A, Brock T D. Effect of temperature on blue-green algae (Cyanobacteria) in Lake Mendota. Applied & Environmental Microbiology, 1978, 36 (4): 572-576.

[16] Zhang Y, Prepas E E. Regulation of the dominance of planktonic diatoms and cyanobacteria in four eutrophic hardwater lakes by nutrients, water column stability, and temperature. Canadian Journal of Fisheries & Aquatic Sciences, 1996, 53 (3): 621-633.

[17] Alam M G M, Jahan N, Thalib L, et al. Effects of environmental factors on the seasonally change of phytoplankton populations in a closed freshwater pond. Environment International, 2001, 27: 363-371.

[18] Marinho M M, Sandra Maria Feliciano de Oliveira e Azevedo. Influence of N/P ratio on competitive abilities for nitrogen and phosphorus by Microcystis aeruginosa and Aulacoseira distans. Aquatic Ecology, 2007, 41 (4): 525-533.

[19] Donald K M, Scanlan D J, Carr N G, et al. CoMParative phosphorus nutrition of the marine Cyanobacterium Synechococcus wh7803 and the marine diatom Thalassiosira weissflogii. Journal of Plankton Research, 1997, 19: 1793-1813.

[20] 许海, 朱广伟, 秦伯强, 等. 氮磷比对水华蓝藻优势形成的影响. 中国环境科学, 2011, 31 (10): 1676-1683.

[21] 林旭吟, 邢小丽, 何建宗, 等. 香港海域 2004 年浮游植物群落结构特征. 海洋通报, 2008, 27 (5): 23-29.

[22] Nicklisch A. Competition between the cyanobacterium Limnothrix redekei and some spring species of diatoms under p-limitation. Internationale Revue der gesamten Hydrobiologie und Hydrographie,

1999，84 (3)：233-241.

[23] Yamamoto Y，Tsukada H，Matsuzawa Y. Relationship between environmental factors and the formation of cyanobacterial blooms in a eutrophic pond in central Japan. Algological Studies，2010，134 (1)：25-39.

[24] Chen M，Li J，Dai X，et al. Effect of phosphorus and temperature on chlorophyll a，contents and cell sizes of Scenedesmus obliquus，and Microcystis aeruginosa. Limnology，2011，12：187-192.

[25] Coles J F，Jones R C. Effect of temperature on photosynthesis-light response and growth of four phytoplankton species isolated from a tidal freshwater river. Journal of Phycology，2000，36：7-16.

[26] Chen Y，Qin B，Teubner K，et al. Long-term dynamics of phytoplankton assemblages：Microcystis-domination in Lake Taihu，a large shallow lake in China. Journal of Plankton Research，2003，25 (4)：445-453.

[27] Xu K，Jiang H，Juneau P，et al. CoMParative studies on the photosynthetic responses of three freshwater phytoplankton species to temperature and light regimes. Journal of Applied Phycology，2012，24 (5)：1113-1122.

[28] Xie L，Xie P，Li S，et al. The low TN∶TP ratio，a cause or a result of microcystis blooms? Water Research，2003，37 (9)：2073-2080.

[29] Wang C，Li X，Lai Z，et al. Seasonal variations of Aulacoseira granulata population abundance in the Pearl River Estuary. Estuarine Coastal & Shelf Science，2009，85 (4)：585-592.

[30] Takano K，Ishikawa Y，Mikami H，et al. Analysis of the change in dominant phytoplankton species in unstratified lake oshima-ohnuma estimated by a bottle incubation experiment. Limnology，2001，2 (1)：29-35.

[31] Gligora M，Plenković-Moraj A，Kralj K，et al. The relationship between phytoplankton species dominance and environmental variables in a shallow lake (Lake Vrana，Croatia). Hydrobiologia，2007，584 (1)：337-346.

[32] Sridhar R，Thangaradjou T，Kumar S S，et al. Water quality and phytoplankton characteristics in the Palk Bay，southeast coast of India. Journal of Environmental Biology，2006，27 (3)：561-566.

[33] Reynolds C S，Descy J P，Padisák J. Are phytoplankton dynamics in rivers so different from those in shallow lakes? Hydrobiologia，1994，289 (1-3)：1-7.

[34] Eloranta P. Phytoplankton structure in different lake types in central Finland. Ecography，1986，9 (3)：214-224.

[35] Duarte C M，Agusti S，Canjield D E J R. Patterns in phytoplankton community structure in Florida lakes. Limnology & Oceanography，1992，37 (1)：155-161.

[36] Kramer K H，White T，Kramer M R. Gestural control of autonomous and semi-autonomous systems，United States Patent 9910497. Washington D C：U S Patent and Trademark Office，2018.

[37] Li J，Hansson L A，Persson K M. Nutrient Control to Prevent the Occurrence of Cyanobacterial Blooms in a Eutrophic Lake in Southern Sweden，Used for Drinking Water Supply. Water，2018，10 (7)：919.

[38] James R T，Havens K，Zhu G W，et al. CoMParative analysis of nutrients，chlorophyll and transparency in two large shallow lakes (Lake Taihu，P. R. China and Lake Okeechobee，USA). Hydrobiologia，2009，627 (1)：211-231.

[39] Reynolds C S. The Ecology of Freshwater Phytoplankton. New York：Cambridge University Press，1984.

[40] Mur L R，Skulberg O M，Utkilen H. Cyanobacteria in the environment. Biochimica Et Biophysica Acta，1999：15-40.

[41] Chen J F，Xu N，Wang Z，et al. Dynamics of *Pseudo-nitzschia* spp. and environmental factors in Daya Bay，the South China Sea. Acta Scientiae Circumstantiae，2002，22（6）：743-748.

[42] Wasmund N. Occurrence of cyanobacterial blooms in the baltic sea in relation to environmental conditions. Internationale Revue Der Gesamten Hydrobiologie Und Hydrographie，1997，82（2）：169-184.

[43] Padisák J，Dokulil M. Contribution of green algae to the phytoplankton assemblage in a large，turbid shallow lake（Neusiedlersee，Austria/Hungary）. Biologia. Ser. A.（Slovakia），1994，49（4）：571-579.

[44] Jensen J P，Jeppesen E，Olrik K，et al. IMPact of nutrients and physical factors on the shift from cyanobacterial to chlorophyte dominance in shallow Danish lakes. Canadian Journal of Fisheries & Aquatic Sciences，1994，51（8）：1692-1699.

[45] Paerl H W. Nuisance phytoplankton blooms in coastal，estuarine，and inland waters1. Limnology & Oceanography，1988，33（4），823-847.

[46] Saravi H N，Zubir B D，Asieh M. Variations in nutrient concentration and phytoplankton composition at the euphotic and aphotic layers in the iranian coastal waters of the southern caspian sea. Pakistan Journal of Biological Sciences，2008，11（9）：1179-1193.

[47] Miao A，Hutchins D，Yin K，et al. Macronutrient and iron limitation of phytoplankton growth in hong kong coastal waters. Marine Ecology Progress Series，2006，318（1）：141-152.

[48] Pennock J，Sharp J. Temporal alternation between light and nutrient-limitation of phytoplankton production in a coastal plain estuary. Marine Ecology Progress，1994，111（3）：275-288.

[49] 王培丽. 从水动力和营养角度探讨汉江硅藻水华发生机制的研究. 武汉：华中农业大学，2010.

[50] 秦伯强. 长江中下游浅水湖泊富营养化发生机制与控制途径初探. 湖泊科学，2002，14（03）：193-202.

[51] 侯秀丽，周苁，何志波，等. 滇池藻类动态变化规律及其与氮磷质量浓度的关系研究. 昆明学院学报，2016，38（6）：76-80.

[52] 韩林林. 两种常见水华藻类代谢有机物组成及对N、P浓度的响应. 北京：北京林业大学，2015.

[53] Goldman J C. Biomass production in mass cultures of marine phytoplankton at varying temperatures. Journal of Experimental Marine Biology and Ecology，1997，27（2）：161-169.

[54] 高琦，倪晋仁，赵先富，等. 金沙江典型河段浮游藻类群落结构及影响因素研究. 北京大学学报（自然科学版），2019，55（03）：571-579.

[55] 王瑶华，吴洪喜，黄振华，等. 氮磷硅对咖啡双眉藻和缢缩菱形藻繁殖速度和油脂积累的影响. 海洋科学，2015，39（4）：48-55.

[56] 苏群，邢荣莲，王长海，等. N/P对菱形藻生长速率和营养成分含量的影响. 水产科学，2010，（4）：198-202.

[57] 吕颂辉，陈翰林，何智强. 氮磷等营养盐对尖刺拟菱形藻生长的影响. 生态环境学报，2006，15（04）：697-701.

第4章
过氧化氢对藻类的控制

4.1 基于代谢活性和细胞内蛋白质表达解析过氧化氢对斜生栅藻氧化损伤的机制

4.1.1 实验材料

4.1.1.1 藻类材料

斜生栅藻:编号为 FACHB-14,由中国科学院武汉水生生物研究所提供。

4.1.1.2 培养基

BG11 培养基组成见表 4.1。表 4.2 所示为 A5 储备溶液的组成成分。

表 4.1 BG11 培养基组成成分

成分	含量	储备溶液
NaNO$_3$	100mL/L	15.0g/L
K$_2$HPO$_4$	10mL/L	2g/500mL
MgSO$_4$ · 7H$_2$O	10mL/L	3.75g/500mL
CaCl$_2$ · 2H$_2$O	10mL/L	1.8g/500mL

续表

成分	含量	储备溶液
柠檬酸	10mL/L	0.3g/500mL
枸橼酸铁铵	10mL/L	0.3g/500mL
EDTANa$_2$	10mL/L	0.05g/500mL
Na$_2$CO$_3$	10mL/L	1.0g/500mL

注：储备溶液用蒸馏水配制。

表 4.2　A5 储备溶液的组成成分

成分	储备溶液
H$_3$BO$_3$	2.86g/L
MnCl$_2$ · 4H$_2$O	1.86g/L
ZnSO$_4$ · 7H$_2$O	0.22g/L
Na$_2$MoO$_4$ · 2H$_2$O	0.39g/L
CuSO$_4$ · 5H$_2$O	0.08g/L
Co(NO$_3$)$_2$	0.05g/L

注：储备溶液用蒸馏水配制。

4.1.2　实验方法与步骤

4.1.2.1　藻的培养和实验步骤

本实验选用 BG11 培养基，实验过程中培养基的配制所需水均为超纯水，且用 0.1mol/L HCl 和 0.1mol/L NaOH 调节 pH 值至 7.5±0.1。培养基和实验中所使用的器皿均事先经高压锅（121℃，30min）灭菌，实验操作均在无菌台上进行（无菌台在使用之前，先用紫外灯照射 10min 以防杂菌污染）。将藻样放置于恒温光照培养箱中培养，且每天人工摇晃 3 次，以防藻细胞贴壁生长。培养至对数期后，以 1∶10（藻∶培养基）的比例进一步扩大培养，培养温度为（25±1）℃，光照强度为 2500lx，光照周期为 12h∶12h。每隔 2 天测定藻细胞个数，连续监测 38 天，绘制藻细胞生长曲线（见图 4.1）。藻的生长包含四个阶段：0～8 天为延迟期（阶段 1）；8～32 天为对数期（阶段 2）；32～35 天为稳定期（阶段 3）；35～40 天为衰亡期（阶段 4）。

用无菌的 BG11 培养基调整初始接种 OD$_{680}$＝0.037（对应藻细胞密度为 2.0× 10^5 个/mL）。向锥形瓶中加入不同体积的过氧化氢，以达到最终实验设定浓度。

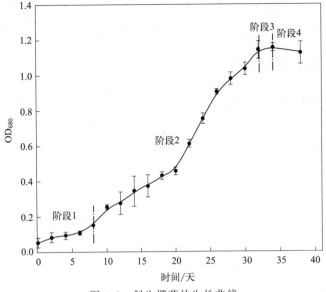

图 4.1　斜生栅藻的生长曲线

根据预实验结果设置对照组（未加过氧化氢）和实验组（加入不同浓度过氧化氢）共 5 组，其中实验组的过氧化氢浓度分别为 2mg/L、6mg/L、8mg/L 和 10mg/L，每组设置 3 个平行样（$n=3$）。

4.1.2.2　藻细胞密度的测定

每隔 12h 于无菌条件下取 5mL 藻液，测定 OD_{680}。测得的吸光度值代入标准曲线 $Y=58.167X-0.1594$（$R^2=0.996$）（Y 的单位为 10^5 个/L）求得藻细胞密度，取三组平行样的平均值作为测定结果。

4.1.2.3　藻细胞叶绿素 a 的测定

叶绿素 a 采用乙醇法测定。每隔 12h 取 10mL 藻液，用真空抽滤机将藻液过滤至 $0.45\mu m$ 聚碳酸酯滤膜上，抽滤机负压不能过高（$\leqslant 51kPa$），以防破坏藻细胞。抽滤过程中为了保证藻细胞充分富集，需用蒸馏水润洗锥形瓶和砂芯抽滤装置 2~3 次。利用混匀器将剪碎的含有藻细胞的滤膜和无水乙醇充分混匀。超声 15min 后，在 21℃、8000r/min 条件下离心 8min，重复离心 2 次，取离心后的上清液。在 750nm、663nm、645nm 和 630nm 波长处测定吸光度。

4.1.2.4　藻细胞叶绿素荧光相关参数的测定

在第 12h、24h、36h、48h、60h 和 72h 取 1.5mL 藻液，暗适应 10min 后，

利用调制叶绿素荧光仪测定叶绿素荧光参数（包括潜在最大光合活性、电子传递速率、光化学荧光猝灭和光合系统Ⅱ的有效量子产量），以表征藻细胞光合活性。

4.1.2.5 藻细胞抗氧化酶活性测定

（1）蛋白质标准曲线的绘制 称取 100.0mg 牛血清蛋白，溶于 200mL 超纯水中，使牛血清蛋白浓度为 0.5mg/mL。取 7 支试管，其中 1 支作空白对照，加入 10mL 的超纯水，处理组 6 支分别加入 0.05mg/mL 的牛血清蛋白 0.1mL、0.2mL、0.4mL、0.6mL、0.8mL、1mL，再加超纯水定容至 1mL。加入 5mL 的考马斯亮蓝 G-250 溶液，混匀，室温放置 4min。

（2）藻细胞粗酶液的提取 每隔 24h 取 50mL 藻液加入灭菌的离心管中，4000r/min 离心 15min，富集藻细胞。之后加入 5mL 磷酸盐缓冲液，并把装有藻细胞的离心管在冰浴下超声波破碎，参数为：超声 5s，间隔 5s，工作次数为 24 次，功率 600W，重复 3 次。在 4℃ 下，于 12000r/min 离心 15min，上清液即为蛋白质粗酶液。

（3）蛋白质的测定 同标准曲线绘制时蛋白质的测定方法，蛋白质含量在标准曲线上查得。

（4）超氧化物歧化酶活力的测定 取提取的粗酶液，使用南京建成生物工程研究所的测试盒测定超氧化物歧化酶活力。

（5）过氧化氢酶活力的测定 取上述提取的粗酶液，使用南京建成生物工程研究所提供的过氧化氢酶测试盒测定过氧化氢酶活力。

4.1.2.6 过氧化氢残余量的测定

H_2O_2 标准曲线的绘制：取 10mL 离心管 7 支顺序编号，向对照组加入 3mL 超纯水，其他处理组分别加入浓度为 2mg/L、4mg/L、6mg/L、8mg/L、10mg/L 和 12mg/L 的过氧化氢溶液 3mL。在所有试管中加入 3mol/L 的硫酸 1.5mL，10% 硫酸钛 0.5mL，摇匀后，在 415nm 波长处测定吸光度值，光程 1cm，比色。

H_2O_2 浓度的测定：按照上述方法测得的 OD_{415}，根据方程 $Y = 78.758X$（$R^2 = 0.9988$）测得 H_2O_2 的残余量。

4.1.2.7 藻细胞代谢活性的测定

（1）藻细胞 ATP 测定 ATP 测定采用 Bac Titer-Glo 试剂，首先，将样品用 38℃ 的金属浴预热 10min，ATP 试剂预热 2min，之后，混合 500μL 样品和

$50\mu L$ ATP 试剂，反应 20s 后测定化学发光强度，结果为总 ATP 含量。用 $0.1\mu m$ 滤头过滤后测得的结果为胞外 ATP 含量。胞内 ATP 含量＝总 ATP 含量－胞外 ATP 含量。

（2）Biolog-ECO 板的测定　取培养至 72h 的藻细胞培养液 50mL，在转速 4500r/min 下离心 10min。弃去上清液后，再加入无菌水重悬藻细胞。重复上述步骤 2 次。使用无菌水将每组藻细胞培养液稀释至 $OD_{595}=0.1$。接种前将 ECO 板从 4℃冰箱取出置于无菌工作台里，放至其温度接近室温。藻细胞培养液倒入 V 形加液槽中，用 8 排电子移液枪吸取 $150\mu L$ 藻样，滴加于 ECO 微平板的每个微孔中，将 ECO 微平板装入聚乙烯盒中（保持 ECO 微平板不发生倾斜），并保持聚乙烯盒底部湿润，防止培养过程中微孔水分蒸发，在 30℃的恒温培养箱中培养。每间隔 24h 用 Biolog 仪器在 590nm 处测定 ECO 微平板吸光度。

4.1.2.8　斜生栅藻蛋白质组的测定

（1）斜生栅藻蛋白质的提取、酶解和 iTRAQ 标记　与上述富集藻细胞的方法类似，在 72h 时从对照组和过氧化氢浓度为 8mg/L 的处理组收集藻细胞。参考 T. Isaacson 等的酚抽提法提取斜生栅藻的总蛋白质。首先将样品在液氮中研磨成粉末，并用 1mL 苯酚和 Tris-HCl（pH＝7.8）萃取。然后，将混合物在 4℃、7100r/min 下离心 30min，保留上清液。向其中加入 5mL 预冷的 0.1mol/L 乙酸铵-甲醇溶液，并在－20℃下放置过夜，然后在 4℃下以 12000r/min 的转速离心 10min，取沉淀物。添加同体积的预冷的甲醇，并重复上述步骤一次以进行洗涤。用 90％甲醇缓冲液（90％甲醇，50mmol/L Tris-HCl，pH 7.8）洗涤沉淀两次，随后在 12000r/min 离心 10min 取沉淀物。为了完全除去甲醇，用丙酮代替上述两个步骤中的甲醇，然后离心收集沉淀物。在 4℃、12000r/min 下离心 10min 后，收集上清液，干燥，并在－80℃下保存以备使用。

（2）蛋白质浓度测定　测定方法为 BCA 法，利用 12％的十二烷基硫酸钠-聚丙烯酰胺凝胶电泳（SDS-PAGE）对蛋白质的完整性进行评估。

（3）SDS-PAGE　采用 12％ SDS-PAGE 对 $10\mu g$ 蛋白质进行分离，分离后的凝胶采用考马斯亮蓝染色法进行染色，参照 Candiano 的实验方法。从每个样品中取 $100\mu g$ 蛋白质与 $120\mu L$ 锂-尿素-乙酸（LUA）缓冲液，在 60℃下反应 1h。然后，加入碘乙酰胺（IAA）至终浓度为 50mmol/L，在黑暗中孵育 40min，然后离心。添加 $100\mu L$ 300mmol/L 的溴化四乙铵（TEAB）缓冲液到上述离心管底部，在 12000r/min 转速下离心 10min。将该步骤重复两次。最后，将 3μg 胰蛋白酶溶液（1μg/μL）添加到过滤器中。将样品在 37℃ 下孵育过夜，通过离心收集所得的肽。然后，向超滤管中再加入 50μL 200mmol/L 的 TEAB 缓冲溶液，以 12000r/min 离心 20min，在管底部收集溶液并冷冻干燥。在 1.5mL EP 管中取 40μL 样品，按照制造商的说明进行 iTRAQ 标记。

（4）LC-MS/MS 分析　使用 Agilent 1100 HPLC 分离肽。首先，将冷冻干燥的样品用含有 2% 乙腈的溶剂 A 溶解。之后，将样品用 10%～98% 的 B 溶剂（90% 的 ACN）在 Agilent Zorbax Extend-C18、2.1mm×150mm 和 5μm 色谱柱中洗脱 75min。从 8～60min 收集样品，每 1min 收集洗脱液，直到洗脱结束。

LC-MS/MS 分析使用 DIONEX nano-UPLC system 和 Q Exactive 质谱仪。将样品溶于流动相 A（99.9% H_2O 和 0.1% 甲酸），以 300nL/min 的流速加载到 C18 预柱（PepMap C18，100Å[❶]，100μm×2cm，5μm）上，然后用分析柱（PepMap C18，100Å，75μm×50cm，2μm）进行肽的梯度洗脱。梯度洗脱条件：0～40min，5%～30% B；40～54min，30%～50% B；54～55min，50%～100% B；55～60min，100% B。

4.1.3　结果与讨论

4.1.3.1　藻细胞完整性及粒径变化

H_2O_2 胁迫下斜生栅藻细胞形态变化，如图 4.2 所示。从图 4.2(a) 可知，0h 对照组斜生栅藻细胞呈现明显的新月形，形态完整，表面光滑，而且能够观察到清晰的叶绿体，72h 后藻细胞形态未发生显著改变 [图 4.2(b)]。图 4.2(d)(e)(f) 显示经 H_2O_2 氧化后，藻细胞中部膨起，两端的尖端变钝，长宽比下降，呈丰满的椭球形。为进一步确定过氧化氢对斜生栅藻细胞形态的改变，本研究对光学显微镜下细胞的长轴和短轴长度变化进行分析（图 4.3）。结果发现 8mg/L 和 10mg/L H_2O_2 处理组短轴长度显著增大，与对照组相比分别增大了 48% 和 50%。光学显微照片证实了 H_2O_2 浓度为 6mg/L 时藻细胞结构遭到破坏，且本研究中随着 H_2O_2 浓度的增大细胞发生严重变形。

---

❶ 1Å=10^{-10}m。

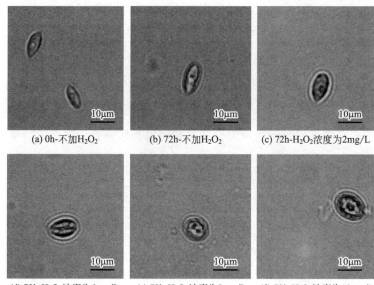

(a) 0h-不加H₂O₂　　　(b) 72h-不加H₂O₂　　　(c) 72h-H₂O₂浓度为2mg/L

(d) 72h-H₂O₂浓度为6mg/L　(e) 72h-H₂O₂浓度为8mg/L　(f) 72h-H₂O₂浓度为10mg/L

图 4.2　过氧化氢胁迫下斜生栅藻细胞形态变化

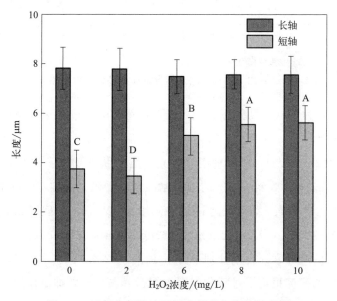

图 4.3　过氧化氢胁迫下斜生栅藻细胞粒径变化

[图中值为平均值±标准偏差（$n=3$），使用单因素方差分析，不同的大写字母代表统计差异性]

4.1.3.2　过氧化氢对藻细胞的生长抑制作用

每隔 12h 测定吸光度值，由线性方程得到的藻细胞密度变化如图 4.4(a) 所示。由图 4.4(a) 可知，处理组曲线均在对照组下方，处理组的藻细胞增长缓慢。第72h时，处理组的藻细胞数目分别为 7.54×10^5 个/mL、6.78×10^5 个/mL、3.96×10^5 个/mL、2.11×10^5 个/mL 和 1.51×10^5 个/mL。与对照组相比，处理组细胞抑制率分别为 10%、47%、72% 和 80%。值得注意的是，48h时，6mg/L、8mg/L 和 10mg/L H_2O_2 处理组的藻细胞数目最小，且48h后，藻细胞活性有所恢复。同时发现只有 10mg/L H_2O_2 处理组的藻细胞密度始终低于初始接种密度，其他处理组的藻细胞密度与初始值相比都有一定程度的增大。

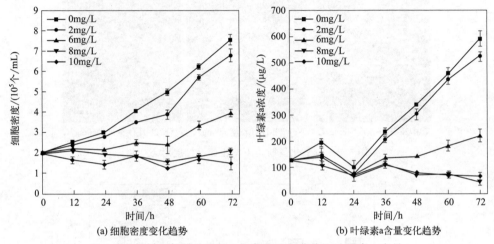

(a) 细胞密度变化趋势　　　　(b) 叶绿素a含量变化趋势

图 4.4　过氧化氢胁迫下斜生栅藻的生长曲线和叶绿素 a 含量

图 4.4(b) 为 H_2O_2 胁迫下，斜生栅藻叶绿素 a 含量变化。藻细胞在未受到 H_2O_2 胁迫时叶绿素 a 含量在 12h 内递增，之后又开始下降。随着培养时间的延长，对照组和 2mg/L H_2O_2 处理组叶绿素 a 含量快速增长。但是，当 H_2O_2 的浓度增加到 6mg/L 时，斜生栅藻的叶绿素 a 合成受阻。同样，8mg/L 和 10mg/L H_2O_2 处理组，叶绿素 a 含量呈递减趋势。培养 72h 后，处理组和对照组的叶绿素 a 含量分别为 $591\mu g/L$、$522\mu g/L$、$222\mu g/L$、$46\mu g/L$ 和 $68\mu g/L$，与对照组相比，处理组的叶绿素 a 含量分别下降了 12%、62%、92% 和 88%。

之前大量的研究报道了过氧化氢对铜绿微囊藻生长的抑制作用，然而关于过氧化氢对绿藻的生长抑制研究却很缺乏。本研究发现，H_2O_2 浓度为 2mg/L 时，斜生栅藻生长受到的抑制作用不明显，藻细胞密度和叶绿素 a 含量与对照组无显著差异。研究结果表明，低浓度 H_2O_2 对绿藻的生长未造成影响，甚至起一定的促进作用。相似地，有研究发现低浓度的 H_2O_2 可能在调节环境压力时对细胞代谢的影响中起关键作用。本研究还发现 H_2O_2 对藻的抑制作用随浓度的增加而提高，当 H_2O_2 浓度增大到 10mg/L 时，藻细胞膜发生脂质过氧化作用，藻细胞的生理功能发生紊乱。此外，细胞膜被破坏还促进了 H_2O_2 向细胞内的扩散，进一步加速了细胞的生长损伤。

　　叶绿素 a 通常被用来表征藻的生物量。与蓝藻不同，斜生栅藻属于真核生物，叶绿素 a 的合成场所位于叶绿体上。当斜生栅藻受到 H_2O_2 胁迫时，H_2O_2 很难快速对叶绿体造成影响，过程中可能会被过氧化氢酶所清除。

4.1.3.3　过氧化氢对藻细胞光合活性的影响

　　本研究对叶绿素荧光特性参数 ［PSⅡ最大光化学效率、PSⅡ实际光化学速率、光合电子传递速率（ETR）和光化学荧光猝灭］进行了测定（图 4.5）。由图 4.5（a）可知，对照组 F_v/F_m 从 0～72h 整体呈现缓慢的递增趋势，总体处于 0.429～0.544 之间，较为稳定。其中第 36h 和第 60h 较前一时间段有所减少，主要是由于这段时间刚好处于 12h 暗阶段，光照强度的减小使得藻细胞的光合活性减小。2mg/L 和 6mg/L H_2O_2 处理组，斜生栅藻在实验周期内，F_v/F_m 整体变化趋势与对照组保持一致。不同的是，8mg/L 和 10mg/L H_2O_2 处理组，在 0～24h 之间，F_v/F_m 呈递减趋势，且 10mg/L H_2O_2 处理组在第 24h 时 F_v/F_m 值最低，为 0.178，与对照组相比减少了 62％。值得注意的是，10mg/L H_2O_2 处理组在 24h 后，F_v/F_m 呈递增趋势，表明此时斜生栅藻的光合活性得到恢复。由图 4.5(b) 可知，ETR 与 F_v/F_m 变化趋势基本一致，10mg/L H_2O_2 处理组在第 24h 达到最低 0.766，与对照组相比减少了 89％。由图 4.5(c) 可知，2mg/L 和 6mg/L H_2O_2 处理组，$Y_Ⅱ$ 值与对照组相比降低。H_2O_2 浓度增加到 8mg/L 和 10mg/L 时，这种降低趋势就极其显著。由图 4.5(d) 可知，q_P 的变化与其他

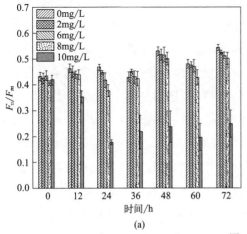

(a)

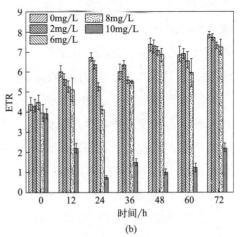

(b)

图 4.5

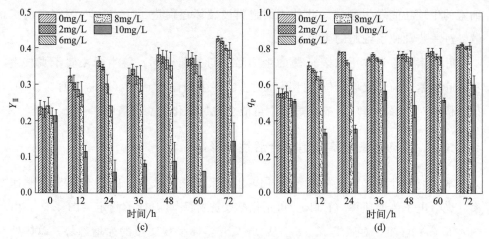

图 4.5 过氧化氢胁迫下斜生栅藻叶绿素荧光参数变化

参数变化趋势保持一致。

叶绿素荧光参数的变化均反映出 2mg/L 的 H_2O_2 对斜生栅藻的光合活性无显著影响，而其他处理组光合活性则是先受到短暂的抑制，随着时间的增加，光合活性得到恢复。与本研究的结论相似，Zhou 等在滇池中投加过氧化氢，发现除了蓝藻以外，其他浮游植物数目增多，F_v/F_m 先减小后增大。斜生栅藻受到 H_2O_2 氧化胁迫后，光合活性的降低，是由于光合电子传递受阻及与暗反应有关的酶活性降低。

4.1.3.4 过氧化氢对藻细胞抗氧化酶活性的影响

植物体内存在抵抗外界环境压力的抗氧化系统，该系统主要负责清除自由基来抵抗氧化损伤，以此来维持体内环境的稳定。有研究表明，几乎所有的胁迫都能诱导 SOD 的活性增强。如图 4.6(a) 所示，随着 H_2O_2 浓度的增大，SOD 活性先增大后减小。H_2O_2 浓度为 6mg/L 和 8mg/L 时，分别培养 48h 和 24h 时，SOD 活性达到最大，分别为 94.850U/mg 蛋白质和 88.623U/mg 蛋白质，是同一时间对照组的 2.7 倍和 3.4 倍。然而当 H_2O_2 浓度增加到 10mg/L 时 SOD 活性相较于低浓度有所减少，但仍然比对照组高。这主要是因为过量的自由基不能及时清除，导致组织损伤。由以上结果分析可知，H_2O_2 分解产生的羟基自由基可以抑制 PSⅡ 的电子传递，从而阻碍了光合作用的进程。抗氧化系统的损伤导致细胞中 ROS 增加，蛋白质变性，脂质过氧化和叶绿素 a 合成受阻。

CAT 可以将 H_2O_2 代谢为 H_2O 和 O_2，在过氧化氢的调节中发挥着重要作用。图 4.6(b) 显示了加入 H_2O_2 后 CAT 活性的变化。结果表明，低浓度

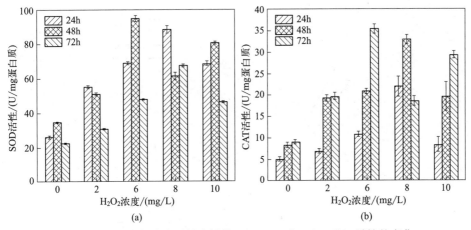

图 4.6 过氧化氢胁迫下斜生栅藻 SOD（a）和 CAT（b）活性的变化

H_2O_2 随着浓度增大和时间的延长，CAT 活性增大，且第 72h 时，6mg/L H_2O_2 处理组 CAT 活性达到最大，为对照组的 3.3 倍。然而，当浓度增大至 8mg/L 和 10mg/L 时，在第 72h 和 24h 时 CAT 活性相比于低浓度处理组有所减小。在培养 24h 时，10mg/L H_2O_2 处理组 CAT 活性仅为对照组的 1.6 倍，且值得注意的是，24h 后 CAT 的活性随着时间的延长而增大，CAT 活性较高表明其清除 ROS 能力较高。

4.1.3.5 过氧化氢的降解

上述 H_2O_2 对藻细胞的完整性、生长、光合活性以及抗氧化酶活性的影响与 H_2O_2 的消耗有一定的关联性，因此本研究对培养基中 H_2O_2 的残余量每隔 12h 进行一次测定，结果如图 4.7 所示。2mg/L、6mg/L、8mg/L 和 10mg/L H_2O_2 处理组第 12h 分别减少了 63%、47%、41% 和 39%。48h 时，2mg/L、6mg/L 和 8mg/L H_2O_2 处理组的过氧化氢降解完成，且达到稳态，此时分别降解了 91%、93% 和 93%。10mg/L H_2O_2 处理组的过氧化氢在 60h 降解率达到 96%。因此，48h 是投加 H_2O_2 除藻剂以治理绿藻水华的有效时间。

4.1.3.6 过氧化氢对斜生栅藻代谢活性的影响

为了探究藻细胞利用碳源的整体能力和群落功能多样性，本研究测定了平均颜色变化率（$AWCD_{590}$）。如图 4.8（a）所示，在培养 1 天后，对照组与处理组之间的差异不明显，生长处于停滞期，1 天之后斜生栅藻进入对数期。其中，对

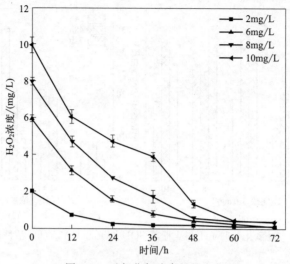

图 4.7　过氧化氢残余量的变化

照组和处理组分别在第 6、8 和 5 天进入稳定期。不同处理组进入稳定期的时间不同，表明不同浓度 H_2O_2 作用于斜生栅藻后，藻细胞代谢活性存在显著差异。同时，发现对照组 $AWCD_{590}$ 值显著高于 8mg/L 和 10mg/L H_2O_2 处理组（$p <$ 0.05）。结果表明，H_2O_2 显著抑制斜生栅藻对碳源的代谢活性。

为了分析 H_2O_2 对斜生栅藻代谢活性的影响，选取第 120h 的 31 种碳源数据进一步分析。由图 4.8(b) 知，对照组与处理组之间差异显著（$p < 0.05$），且 H_2O_2 浓度越大的处理组 $AWCD_{590}$ 值越低。对照组与处理组的值分别为 1.46、1.40、1.37、1.18 和 1.00，与对照组相比，处理组分别降低了 4%、6%、19%

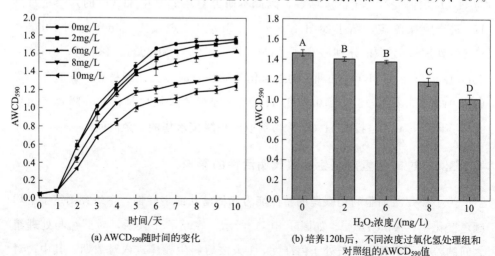

(a) $AWCD_{590}$随时间的变化　　　　(b) 培养120h后，不同浓度过氧化氢处理组和对照组的$AWCD_{590}$值

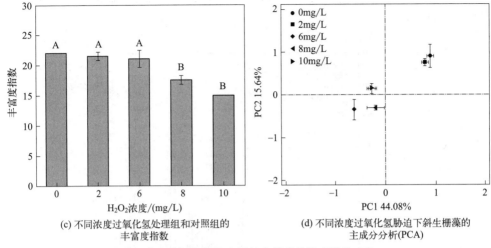

(c) 不同浓度过氧化氢处理组和对照组的
丰富度指数

(d) 不同浓度过氧化氢胁迫下斜生栅藻的
主成分分析(PCA)

图 4.8　过氧化氢胁迫下斜生栅藻代谢多样性变化

和 32%。结果显示，H_2O_2 浓度越大，抑制斜生栅藻利用碳源的能力越明显，藻代谢活性越低。丰富度指数用来表示碳源利用程度，物种的丰富度越高，说明在一定空间范围内的物种数目越多。斜生栅藻在第 120h 的丰富度指数变化如图 4.8(c) 所示，对照组与 2mg/L 和 6mg/L H_2O_2 处理组差异不显著（$p >$ 0.05），但是当 H_2O_2 浓度增大到 8mg/L 和 10mg/L 时，差异显著（$p < 0.05$）。结果表明，H_2O_2 浓度不低于 8mg/L 时，斜生栅藻受到的抑制作用显著，代谢活性降低。为了进一步分析不同浓度 H_2O_2 对斜生栅藻的抑制作用，对 120h 的 31 种碳源的 $AWCD_{590}$ 值进行主成分分析。由图 4.8(d) 可知，前两个主成分的方差贡献率为 59.72%，解释了斜生栅藻功能代谢差异性的绝大部分。由图 4.8(d) 中可知，H_2O_2 浓度增大到 6mg/L 时碳源利用能力发生了显著的分异变化。对照组和 2mg/L H_2O_2 处理组位于 PC1 轴正向的第一象限内，而 6mg/L、8mg/L 和 10mg/L H_2O_2 处理组分别位于 PC1 轴负向的第二和第三象限内。对照组和 2mg/L H_2O_2 处理组相关性较大，与 6mg/L、8mg/L 和 10mg/L H_2O_2 处理组相关性较小。

　　细胞死亡的重要机制之一是胞内 ATP（iATP）的下降，因此可以用 iATP 的浓度间接表示斜生栅藻的代谢活性。图 4.9 中，对照组随着培养时间的增加，iATP 浓度不断增大，72h 时，iATP 浓度为 63.18nmol/L，是 0h 时的 37 倍。在培养期间处理组中除了 2mg/L H_2O_2 处理组和对照组一样 iATP 浓度始终增长外，其余处理组 iATP 浓度先减小后增大。在培养至 12h 时，6mg/L、8mg/L 和 10mg/L H_2O_2 处理组 iATP 浓度分别为 0.12nmol/L、0.18nmol/L 和 0.03nmol/L，与对照组相比，分别减少了 97%、96% 和 99%。12h 后 6mg/L、

8mg/L 和 10mg/L H$_2$O$_2$ 处理组 iATP 浓度又恢复增长趋势，但是 iATP 浓度始终低于对照组。

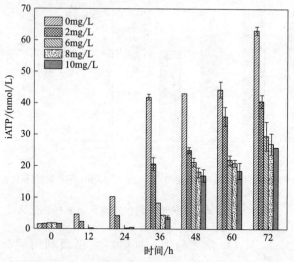

图 4.9　过氧化氢胁迫下斜生栅藻胞内 ATP 浓度变化

4.1.3.7　过氧化氢对斜生栅藻蛋白质表达的影响

样品经 LC-MS/MS 检测、搜库后，基于 FDR＜1％过滤筛选后去除反相数据库数据，得到定性蛋白 2258 个，定量蛋白 2187 个。差异蛋白 GO 分类注释和 KEGG pathway 富集分析结果总数以及显著数目总结果如图 4.10 所示。

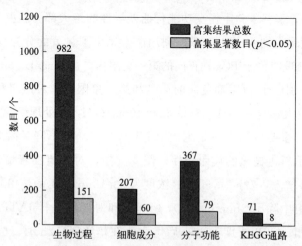

图 4.10　差异蛋白 GO 分类注释和 KEGG pathway 富集
结果总数以及显著数目总结果

以 lg2 为横坐标，−lg10 为纵坐标绘制差异蛋白的火山图（图 4.11）。在本研究中，对照组和加入过氧化氢浓度为 8mg/L 处理组之间有 251 个差异表达蛋白。相对于未加过氧化氢的对照组，有 190 种蛋白质表达被上调，而 61 种蛋白质表达被下调（表 4.3）。

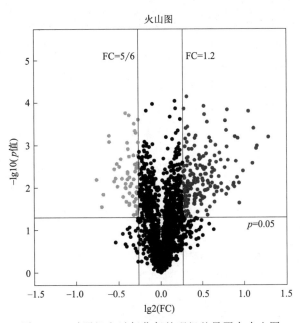

图 4.11 对照组和过氧化氢处理组差异蛋白火山图

表 4.3 过氧化氢处理组（T）与空白对照组（C）组中的差异表达蛋白

编号	基因名称	类型	规则	范围/%	肽	p 值	倍数变化（FC）
A0A2R4PAT2	*atpB*	ATP 合酶 β 亚基,叶绿体	上调	58	20	0.021395	1.563101
A2SY34		叶绿素 a-b 结合蛋白,叶绿体	下调	22	4	0.025101	0.772264
A0A383V7L5	BQ4739_LOCUS1254	过氧化物酶	上调	57	8	0.004699	1.446483
A0A383VQ97	BQ4739_LOCUS7348	丝氨酸羟甲基转移酶	上调	31	12	0.000365	1.249719
A0A383WMD3	BQ4739_LOCUS18948	叶绿素 a-b 结合蛋白,叶绿体	下调	38	7	0.000195	0.771479
A0A383WCU3	BQ4739_LOCUS15739	叶绿素 a-b 结合蛋白,叶绿体	下调	36	6	0.008	0.786512
A0A383WQ29	BQ4739_LOCUS19142	谷胱甘肽还原酶	上调	28	8	0.001205	1.262443
B1N647		黏附素（fasciclin）结构域蛋白（片段）	上调	22	3	0.001184	2.20947
A0A383WJC7	BQ4739_LOCUS17720	叶绿素 a-b 结合蛋白,叶绿体	下调	46	5	0.000248	0.830664

续表

编号	基因名称	类型	规则	范围/%	肽	p 值	倍数变化（FC）
A0A383W7A3	BQ4739_LOCUS12743	叶绿素 a-b 结合蛋白，叶绿体	下调	22	4	0.026935	0.812415
Q1KVW1	psaC	光系统Ⅰ铁硫中心	下调	85	6	0.009984	0.747488
A0A383VNU4	BQ4739_LOCUS11518	组蛋白 H4	下调	29	3	0.000448	0.807953
A0A383VL30	BQ4739_LOCUS5542	叶绿素 a-b 结合蛋白，叶绿体	下调	18	3	0.002648	0.831502
A0A383VDY6	BQ4739_LOCUS3442	核糖体蛋白 L19	下调	22	5	0.000176	0.749016
A0A383WK12	BQ4739_LOCUS18139	S-(羟甲基)谷胱甘肽脱氢酶	上调	15	4	0.014246	1.210614
A0A383VRZ4	BQ4739_LOCUS7929	超氧化物歧化酶	上调	21	4	0.007677	1.245929
A0A2H4FC12	rpl5	50S 核糖体蛋白 L5，叶绿体	下调	19	4	0.006582	0.592593
Q1KVU3	rpl12	50S 核糖体蛋白 L5，叶绿体	下调	18	3	0.003223	0.710864
A0A249RWY6	psbH	光系统Ⅱ反应中心蛋白 H	下调	34	1	0.04355	0.79892
Q1KVR5	psbE	细胞色素 b559 亚单位 α	下调	22	4	0.009271	0.778222
A0A383WJE2	BQ4739_LOCUS17931	反醛缩酶	上调	16	4	0.036124	1.223457
A0A383W2V3	BQ4739_LOCUS11517	组蛋白 H3	下调	7	2	0.00276	0.697368
Q1KVT1	rps18	30S 核糖体蛋白 S18，叶绿体	下调	9	2	0.003665	0.683502
A0A383V6P3	BQ4739_LOCUS15403	微管蛋白特异性伴侣 A	上调	45	4	0.004865	1.314236
A0A383VQC5	BQ4739_LOCUS7522	叶酸-γ-谷氨酰水解酶	上调	10	3	0.019381	1.259176
A0A383WK46	BQ4739_LOCUS17975	谷胱甘肽	上调	40	3	0.003933	1.56246
A0A383W5C6	BQ4739_LOCUS12415	60S 核糖体蛋白 L36	下调	25	3	0.004209	0.762891
A0A2R4PAT0	petD	细胞色素 b6-f 复合物亚单位 4	下调	6	1	0.006379	0.760123
A0A383WH81	BQ4739_LOCUS17018	异柠檬酸脱氢酶[NAD]亚单位，线粒体	上调	7	2	0.01585	1.406137
A0A383W524	BQ4739_LOCUS12738	蔗糖合酶	上调	2	2	0.024356	1.40036
Q9MD15	nad6	NADH 泛醌氧化还原酶链 6	下调	4	1	0.006371	0.802614
A0A383WD34	BQ4739_LOCUS15251	谷胱甘肽过氧化物酶	上调	12	2	0.003026	1.240896
A0A383W8U2	BQ4739_LOCUS13917	核糖体蛋白 L15	下调	5	1	0.005993	0.689903

对筛选出的差异蛋白进行了基因本体功能注释，包含生物过程（BP）、细胞组成（CC）和分子功能（MF）三个层面的分析，图 4.12 中展示了 BP、CC 和 MF 三类富集分析显著性排名前十的条目。在生物过程中，注释到蛋白数目最多

的几个分类为：氧化还原途径、有机氮化合物的生物合成途径、前体代谢产物的产生、光合作用光反应、光合作用、光合作用光系统捕获、嘌呤核糖核苷单磷酸的生物合成途径、嘌呤核苷酸生物合成途径、蛋白质-发色团连接和光捕获。在细胞组成中，注释到蛋白数目最多的几个分类为：叶绿体部分、光合膜、叶绿体类囊体膜、质体类囊体膜、质体部分、叶绿体类囊体、质体类囊体、类囊体部分、类囊体和类囊体膜。分子功能部分主要为：氧化还原酶活性、叶绿素结合、色素结合、葡萄糖-1-磷酸尿酸转移酶活性、β-葡萄糖苷酶活性、UDP-单糖-1-磷酸尿苷转移酶活性、电子传递体活性、氧化还原酶活性、葡萄糖苷酶活性和蛋白二硫键氧还原酶活性。在本研究中光合作用相关蛋白中，光合作用天线蛋白、叶绿素 a-b 结合蛋白、光系统 II 反应中心蛋白 H、细胞色素 b559 亚基和细胞色素 b6-f 复合亚基 4 相关蛋白表达水平下调，表明，斜生栅藻叶绿素的光捕获过程、叶绿素和光合电子传递过程受阻。电子传递和光合磷酸化涉及光系统 II、细胞色素 b6-f 复合体、光系统 I 和 ATP 合成酶。

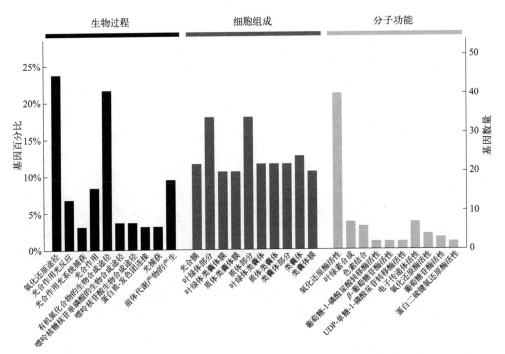

图 4.12　斜生栅藻的差异蛋白 GO 注释分析与富集分析概图

（横坐标按照 p 值大小依次排序，从左到右显著性递减，纵坐标代表差异蛋白
数目和其占总差异蛋白数目百分比）

本研究还发现一系列差异表达蛋白涉及 ROS 体内平衡，包括谷胱甘肽还原

酶、抗坏血酸过氧化物酶、过氧化物酶、超氧化物歧化酶及谷胱甘肽过氧化物酶（表4.4）。这些蛋白质均表现为上调，表明多重抗氧化酶系统参与 H_2O_2 对斜生栅藻胁迫过程的 ROS 调控。此外差异蛋白还涉及细胞的糖代谢（蔗糖合酶）和碳代谢（异柠檬酸脱氢酶）相关差异蛋白，用于维持细胞正常生长。

表 4.4　对照组与处理组之间差异蛋白 KEGG 途径富集分析结果

路径名称	计数	p 值
戊糖和葡糖醛酸相互转化	5	0.000117
光合作用-天线蛋白	6	0.000343
光合作用	10	0.000682
抗坏血酸和阿醛酸代谢	5	0.00133
代谢途径	52	0.00656
氨基糖和核苷酸糖代谢	5	0.0183
半乳糖代谢	3	0.0292
次生代谢产物的生物合成	24	0.0457
淀粉和蔗糖代谢	5	0.0541
糖酵解/糖异生	5	0.0632
氧化磷酸化	7	0.0774
核糖体	10	0.0832
苯丙酮生物合成	1	0.0905
碳代谢	10	0.101
叶酸合成	2	0.104
叶酸的一个碳源	2	0.135
花生四烯酸代谢	2	0.151
脂肪酸降解	2	0.202
氰基氨基酸代谢	1	0.211
赖氨酸降解	1	0.211
氨基酸的生物合成	8	0.212
泛醌和其他萜类醌生物合成	2	0.219
基础转录因子	2	0.219
谷胱甘肽代谢	3	0.257
维生素 B_6 代谢	1	0.283
色氨酸代谢	1	0.316
嘌呤代谢	7	0.327
戊糖磷酸途径	2	0.341
类固醇生物合成	1	0.378
丙酮酸代谢	3	0.399

续表

路径名称	计数	p 值
α-亚麻酸代谢	1	0.407
缬氨酸、亮氨酸和异亮氨酸生物合成	1	0.407
2-草酸代谢	2	0.409
β-丙氨酸代谢	1	0.435
柠檬酸循环(TCA 循环)	2	0.441
组氨酸代谢	1	0.486
精氨酸和脯氨酸代谢	2	0.504
甘油磷脂代谢	2	0.504
核苷酸切除修复	2	0.504
酪氨酸代谢	1	0.51
甘氨酸、丝氨酸和苏氨酸代谢	2	0.533
乙醛酸和二羧酸代谢	2	0.561
光合生物的固碳作用	2	0.575
丙酸代谢	1	0.576
泛酸和辅酶 A 生物合成	1	0.576
果糖和甘露糖代谢	1	0.596
同源重组	1	0.596
缬氨酸、亮氨酸和异亮氨酸降解	1	0.596
错配修复	1	0.596
基底切除修复	1	0.633
硫代谢	1	0.633
N-甘氨酸生物合成	1	0.65
RNA 降解	2	0.673
甘油酯代谢	1	0.682
氨酰基 tRNA 生物合成	3	0.695
脂肪酸生物合成	1	0.697
过氧化物酶体	2	0.715
丙氨酸、天冬氨酸和谷氨酸代谢	1	0.75
RNA 聚合酶	1	0.762
嘧啶代谢	3	0.787
DNA 复制	1	0.794
脂肪酸代谢	1	0.853
半胱氨酸和蛋氨酸代谢	1	0.86
内质网中的蛋白质加工	2	0.863
mRNA 监测途径	1	0.885

续表

路径名称	计数	p 值
卟啉与叶绿素代谢	1	0.89
RNA 转运	2	0.903
泛素介导的蛋白质水解	1	0.922
真核生物核糖体的生物发生	1	0.926
内分泌	1	0.929
剪接体	2	0.96

为了进一步分析差异富集蛋白，本研究用 KEGG 数据库对所测得的蛋白质进行比较分析，预测可能与胁迫有关的代谢通路以及相关的差异富集蛋白。富集分析结果见表 4.4，KEGG 通路的气泡图（仅显示前 20 条路径）如图 4.13 所示。这些代谢途径主要包括次生代谢产物的生物合成、代谢途径、淀粉和蔗糖代

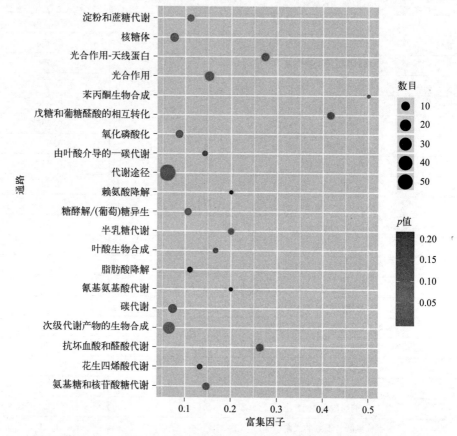

图 4.13　KEGG（$p < 0.05$）富集气泡图

[图中横坐标为富集因子（某一途径富集到的差异基因数/该途径注释总基因数），气泡颜色表示 p 值，气泡越大代表包含的差异基因数目越多，p 值越小，显著程度越大]

谢、光合作用、光合作用-天线蛋白、苯丙酮生物合成、戊糖和葡糖醛酸的相互转化、氧化磷酸化、由叶酸介导的一碳代谢、赖氨酸降解、糖酵解/（葡萄）糖异生、半乳糖代谢、叶酸生物合成、脂肪酸降解、氰基氨基酸代谢、碳代谢、抗坏血酸和醛酸代谢、花生四烯酸代谢以及氨基糖和核苷酸糖代谢。其中苯丙酮生物合成、光合作用-天线蛋白、光合作用、抗坏血酸和醛酸代谢以及代谢途径与 H_2O_2 胁迫下差异蛋白表达显著相关（$p < 0.01$）。因此，这些途径大大丰富了对照组和 8mg/L 处理组之间差异蛋白的表达。氨基糖和核苷酸糖代谢以及半乳糖代谢 p 值介于 0.01 和 0.05 之间。因此，这些途径在胞嘧啶（C）和胸腺嘧啶（T）之间差异蛋白表达相对丰富。KEGG 途径富集分析表明 C 和 T 之间的差异蛋白表达主要是与代谢途径、光合作用、抗坏血酸和醛酸代谢以及苯丙酮生物合成相关。

4.1.4　小结

　　本节首先通过藻细胞个数、叶绿素 a、光合作用相关参数和抗氧化酶活性等生理指标的变化探讨过氧化氢对斜生栅藻的生长抑制和光合活性的影响。接着基于 Biolog 技术和 iTRAQ 新技术进一步分析过氧化氢胁迫下斜生栅藻碳代谢活性和蛋白质表达的差异性，从分子层面探讨过氧化氢对斜生栅藻的氧化损伤机理。研究结论如下：

　　（1）不同浓度的 H_2O_2 胁迫下，斜生栅藻遭受的毒害作用有差异。8mg/L 的 H_2O_2，处理 72h 时，藻细胞抑制率达到了 72%，而 48h 时叶绿素 a 含量下降了 92%，此时培养基中 H_2O_2 的含量减少了 93%。因此，H_2O_2 的剂量 8mg/L 和暴露时间 48h 可以作为治理绿藻水华的有效浓度和有效时间。

　　（2）与对照组相比，2mg/L H_2O_2 处理组 F_v/F_m、ETR、Y_{II} 和 q_P 变化不明显，然而 H_2O_2 浓度大于 6mg/L 的处理组显著下降。培养 48h 时，8mg/L 和 10mg/L H_2O_2 处理组光合活性的抑制作用达到最大，之后恢复。结果表明：H_2O_2 对藻的光合活性只是短暂的抑制作用。

　　（3）随着 H_2O_2 浓度的增大和培养时间的延长，SOD 和 CAT 活性先增大后减小。藻细胞为抵抗氧化压力做出了响应，浓度增至 10mg/L 时，过量的自由基会引起细胞组织受损，但是并未造成致死作用。

　　（4）加入 H_2O_2 后，藻细胞的碳代谢活性降低，各评价指标有显著差异。与对照组相比，处理组中藻的数量均有所减少，其中 10mg/L H_2O_2 处理组

$AWCD_{590}$ 增长率最小。120h 后，丰富度指数和 $AWCD_{590}$ 随着 H_2O_2 浓度的增大而减小。

（5）基于 iTRAQ 技术的蛋白质组学分析结果表明：对照组与 8mg/L H_2O_2 处理组中共发现 251 种显著差异表达蛋白。这些差异表达蛋白涉及多种分子和代谢途径，其中表达差异较大的是与代谢途径、光合作用、抗坏血酸和醛酸代谢以及苯丙酮生物合成相关的蛋白质。通过 PPI 网络图分析发现光合作用、光合作用-天线蛋白和戊糖与葡糖醛酸的相互转化这几个通路显著性较高。

4.2 过氧化氢对铜绿微囊藻细胞的氧化损伤效应

4.2.1 实验材料

4.2.1.1 藻类材料

铜绿微囊藻：编号为 FACHB-912，由中国科学院武汉水生生物研究所提供。

4.2.1.2 培养基

BG11 培养基，组成见表 4.1。

4.2.1.3 实验试剂及仪器设备

实验主要试剂见表 4.2，除此之外铜绿微囊藻细胞的有机物测定所用仪器为荧光分光光度计。

4.2.2 实验方法与步骤

4.2.2.1 藻的培养和实验含藻水的配制

铜绿微囊藻的培养条件和实验含藻水的配制与斜生栅藻保持一致。对铜绿微囊藻连续监测 40 天，做铜绿微囊藻细胞生长曲线（见图 4.14）。铜绿微囊藻的生长包括四个生长阶段：0～10 天为延迟期（阶段 1）；10～26 天为对数期（阶段 2）；26～34 天为稳定期（阶段 3）；35～40 天为衰亡期（阶段 4）。

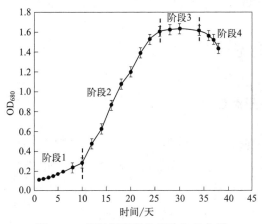

图 4.14　铜绿微囊藻的细胞生长曲线

采用 4.1.2.1 中的方法将铜绿微囊藻的初始接种密度调整为 $OD_{680}=0.052$（对应藻细胞密度为 $5.0×10^5$ 个/mL）。向处理组藻细胞初始密度一致的藻液中加入不同浓度的过氧化氢（H_2O_2）。根据预实验结果设置对照组（不加过氧化氢）和实验组（加入不同浓度过氧化氢）共 4 组，其中实验组的过氧化氢浓度分别为 2mg/L、6mg/L 和 8mg/L，每组设置 3 个平行样。

4.2.2.2　藻细胞密度的测定

每隔 12h 取铜绿微囊藻培养液 5mL，在波长 680nm 处测定吸光度值。将测得的吸光度值代入线性方程 $Y=96.309X$（$R^2=0.9915$）（Y 的单位为 10^5 个/L）求得藻细胞密度。

4.2.2.3　藻细胞部分生理指标、过氧化氢残余量和代谢相关指标的测定

测定方法同第 4 章（4.1.2.3～4.1.2.8）。

4.2.2.4　藻细胞有机物的测定

藻类有机物的分离参考邓琴给出的方法。取 100mL 铜绿微囊藻溶液，在 4℃，以 10000r/min 离心 30min，用 0.45μm 滤膜过滤上清液，得到胞外有机物。接着用 0.8% 的 NaCl 溶液将剩余的藻细胞在 10000r/min、4℃ 条件下离心 10min，洗涤两遍，倒掉 NaCl 溶液，得到洗去胞外有机物（EOM）的藻细胞。将洗涤后藻细胞溶于 10mL 超纯水中，冻融 3 次。用一定量的超纯水重新溶解这些冻融后的藻细胞，在 9600r/min、4℃ 条件下离心 10min，取上清液，经过

0.45μm 无菌滤膜过滤后,得到胞内有机物(IOM)储备液。

4.2.3 结果与讨论

4.2.3.1 藻细胞形态变化

如图 4.15 所示加入 H_2O_2 培养 72h 后,对照组铜绿微囊藻细胞近球形,主要呈单细胞生长。H_2O_2 浓度为 2mg/L 时,藻细胞数目明显减少,产生铜绿微囊藻大量凝聚现象。当 H_2O_2 浓度增加到 6mg/L 和 8mg/L 时,铜绿微囊藻细胞形态发生变化,不再是近球形,出现大量破碎的细胞片段,且聚集现象更明显。结果表明,H_2O_2 产生的·OH 对苯环具有一定的亲和性。另有研究指出,·OH 能进一步快速氧化损坏细胞膜的脂质。此外,藻细胞产生的胞外分泌物会使藻类产生凝聚和絮凝作用。这些具有高度黏性的微囊藻黏液使得铜绿微囊藻细胞聚集起来。

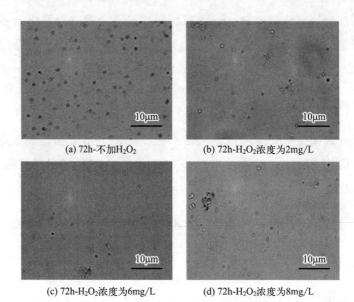

(a) 72h-不加H_2O_2 (b) 72h-H_2O_2浓度为2mg/L

(c) 72h-H_2O_2浓度为6mg/L   (d) 72h-H_2O_2浓度为8mg/L

图 4.15 过氧化氢胁迫下铜绿微囊藻细胞形态变化

4.2.3.2 过氧化氢对铜绿微囊藻生长的抑制作用

图 4.16(a) 为 H_2O_2 胁迫下铜绿微囊藻细胞密度变化曲线。由图 4.16(a) 可知,H_2O_2 能够抑制铜绿微囊藻细胞生长。在相同时间内,H_2O_2 浓度和藻细胞数目呈负相关。对照组的藻细胞数目显著增加,72h 后,藻细胞数目增加了

128%。而加入 H_2O_2 的处理组在培养 12h 后，藻细胞数目均有所减少。2mg/L H_2O_2 处理组，H_2O_2 对其产生短暂抑制作用后，藻细胞数目恢复增长趋势，但始终低于空白对照组。随着 H_2O_2 浓度增大，铜绿微囊藻生长受抑制作用明显。48h 时，8mg/L H_2O_2 处理组，藻细胞数目为 3.596×10^5 个/L，与对照组相比，藻细胞数目减少了 58%。结果表明，2mg/L H_2O_2 对铜绿微囊藻产生了一定的抑制作用。与本研究的结论相一致，Matthijs 等向湖泊中加入 2mg/L H_2O_2，蓝藻以及微囊藻毒素的浓度在几天内下降了 99%。而真核浮游植物（包括绿藻、金藻、硅藻）、浮游动物和大型动物基本上不受影响。

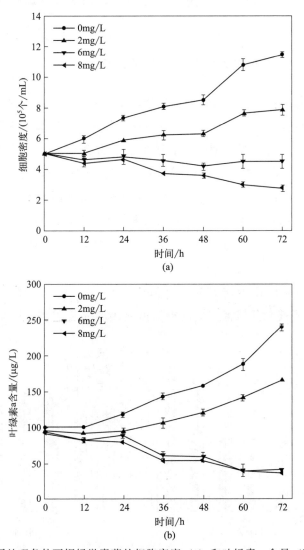

图 4.16 不同处理条件下铜绿微囊藻的细胞密度（a）和叶绿素a含量（b）变化趋势

在藻类培养过程中，叶绿素 a 的含量是描述藻类生长的重要指标。不同浓度 H_2O_2 胁迫下铜绿微囊藻叶绿素 a 含量随时间变化如图 4.16（b）所示。由图 4.16（b）可知，对照组与处理组的初始叶绿素 a 含量均在 100.00μg/L。投加 H_2O_2 的处理组，叶绿素 a 含量显著减少。培养 72h 后，对照组叶绿素 a 的含量达到 240.05μg/L，与初始值相比增加了 140%。而 2mg/L H_2O_2 处理组叶绿素 a 含量的变化趋势与对照组无显著差异。此时，6mg/L 和 8mg/L H_2O_2 处理组叶绿素 a 的值达到最低，分别为 41.04μg/L 和 36.54μg/L，去除率分别为 61% 和 64%，且二者在 72h 的变化趋势基本一致。加入 H_2O_2 后叶绿素 a 的含量能够有效地减少，进一步证实了低浓度的 H_2O_2 对铜绿微囊藻生长有显著的抑制作用。

4.2.3.3　过氧化氢对藻细胞光合活性的影响

光合作用是藻类产生能量和能量代谢的主要方式，在此过程中捕获光能，然后将其用于合成糖类，同时产生氧气并消耗二氧化碳。叶绿素荧光参数是反映藻细胞光合活性的重要指标，细胞受到胁迫后通常会直接反映到 PSⅡ 的损伤上，因此 F_v/F_m 等参数经常被用作研究微囊藻对环境响应的常规指标。如图 4.17 所示，对照组 F_v/F_m、q_P、$Y_{Ⅱ}$ 和 ETR 随时间的增加而增加，主要是因为叶绿素荧光特性与叶绿素浓度有关，随着藻细胞数目不断增大，这四个参数也增大，藻细胞光合活性变强。用 2mg/L H_2O_2 处理藻细胞时，藻细胞受到的抑制作用不明显。四个叶绿素荧光参数先减少，12h 之后得到恢复，在培养至 72h 时，F_v/F_m、q_P、$Y_{Ⅱ}$ 和 ETR 分别为对照组的 70%、93%、65% 和 65%。结果表明 2mg/L H_2O_2 不能充分损害和抑制铜绿微囊藻的光合活性，其抑制作用是暂时

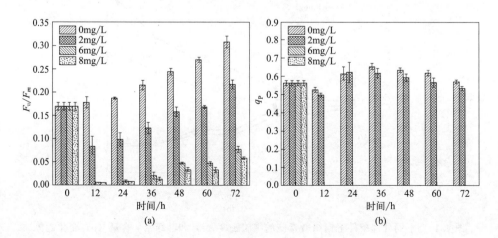

(a)　　　　　　　　　　　　(b)

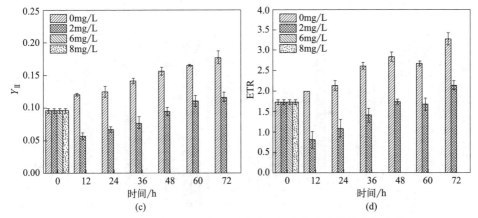

图 4.17 过氧化氢胁迫下铜绿微囊藻叶绿素荧光参数的变化趋势

的。当 H_2O_2 浓度增大到 6mg/L 和 8mg/L 时，在第 12h 测得的 q_P、Y_{II} 和 ETR 值为 0，且随着培养时间的增加这三个参数的值保持不变。同时，6mg/L 和 8mg/L H_2O_2 处理组在 72h 测得的 F_v/F_m 值分别为对照组的 22% 和 16%。

F_v/F_m 是 PSII 最大光能转化效率。F_v/F_m 在培养的 12h 内显著减少，之后逐渐恢复。ETR 用于表示光合电子传递的能量在所吸收的能量中占比。实验前 12h，培养基中 H_2O_2 浓度较高，Y_{II}、ETR 和 q_P 减少，这表明 H_2O_2 引起铜绿微囊藻光合结构受损和光能利用受阻。显然，H_2O_2 的剂量是降低铜绿微囊藻光合活性的重要因素。只有当 H_2O_2 的浓度超过一定水平时，抑制作用才显著。

4.2.3.4 过氧化氢对藻细胞抗氧化酶活性的影响

铜绿微囊藻的抗氧化酶 SOD 和 CAT 活性变化如图 4.18 所示。在培养的 24h 内，对照组的 SOD 活性基本保持不变，在培养到 72h 时 SOD 活性值由 12h 的 205.683U/mg 蛋白质增加到 236.689U/mg 蛋白质，增加了 15%。2mg/L 和 6mg/L H_2O_2 处理组，SOD 活性在培养的 72h 内变化趋势一致，培养至 24h 时 SOD 活性值分别为 324.490U/mg 蛋白质和 392.344U/mg 蛋白质，与对照组相比增加了 58% 和 91%；但在暴露 24h 后，SOD 的活性随时间先下降后升高。当 H_2O_2 浓度为 8mg/L 时，SOD 的活性先下降，到 72h 才有所增加。然而，2mg/L H_2O_2 处理组 CAT 活性与时间呈正相关，在第 72h 达到最大，为 81.971U/mg 蛋白质，约是对照组的两倍。6mg/L 和 8mg/L H_2O_2 处理组则是在第 24h 时 CAT 活性达到最大值，分别为 82.321U/mg 蛋白质和 39.578U/mg 蛋白质，分别是对照组的 2.5 倍和 1.2 倍。

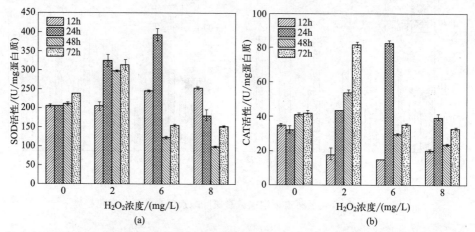

图 4.18　过氧化氢胁迫下铜绿微囊藻 SOD（a）和 CAT（b）活性的变化

　　抗氧化反应是藻类清除活性氧（ROS）的重要防御机制，这些反应可以减轻由氧化剂引起的氧化损伤。SOD 通常被认为是抵抗 ROS 毒性的第一道防线。在本研究中，H_2O_2 浓度较低时，在培养的 24h 内，SOD 活性在增大。相反，高浓度的处理组，铜绿微囊藻细胞遭受的氧化损伤严重，SOD 活性先减小后增加。这些结果表明，相对较高的 H_2O_2 浓度可以抑制 SOD 活性。相比之下，CAT 在低浓度的 H_2O_2 氧化应激防御中似乎起着重要作用，因为当铜绿微囊藻暴露于 2mg/L H_2O_2 时，CAT 活性急剧增加。由此可见，在不同的培养时间与抗氧化系统相关的参数下，投加不同浓度的 H_2O_2 会表现出不同的氧化应激反应。这一发现表明，H_2O_2 除藻的过程中要选择最适浓度和最佳加药时间。

4.2.3.5　过氧化氢的降解

　　将 H_2O_2 浓度设置为 2mg/L、6mg/L 和 8mg/L 来研究不同浓度 H_2O_2 在铜绿微囊藻培养液中的降解率，如图 4.19 所示。由图 4.19 可知，三个浓度 H_2O_2 在加入铜绿微囊藻的培养液中后 3h 内降解最快，且降解率与浓度成正比，降解率分别为 54%、73% 和 75%。值得注意的是，H_2O_2 浓度为 2mg/L 时，在 9h 基本降解完，而 6mg/L 和 8mg/L H_2O_2 处理组在 72h 浓度分别降至 0.210mg/L 和 0.315mg/L，降解率均达到 96%。H_2O_2 作为一种化学氧化剂，需要考虑应用时是否对水体中其他生物产生影响。有研究表明，把低浓度的 H_2O_2 添加到养殖水体中不仅能改善水质，还能对蓝藻产生显著的抑制作用，可用作养殖水体中的有效除藻剂。6mg/L H_2O_2 暴露于藻液 72h，培养基中 H_2O_2 的含量减少了 96%。这体现了 H_2O_2 可以快速高效地去除铜绿微囊藻，且经济成本低。

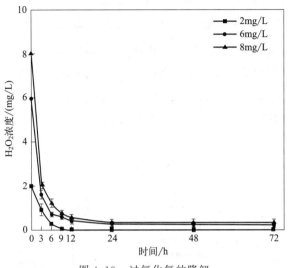

图 4.19　过氧化氢的降解

4.2.3.6　藻细胞代谢活性的影响

$AWCD_{590}$ 可以反映铜绿微囊藻群落对碳源利用的整体情况及利用活性。根据铜绿微囊藻 240h 利用 31 种碳源的能力，绘制出 $AWCD_{590}$ 值随时间的变化曲线，如图 4.20(a) 所示。随着培养时间的增加，铜绿微囊藻 $AWCD_{590}$ 值增大，表明藻细胞在整个培养过程均保持代谢活性。培养 1 天后，$AWCD_{590}$ 快速增大，藻细胞进入指数生长期，碳源被大量利用，第 5 天以后缓慢步入稳定期，第 8 天时达到平衡。而且加入 H_2O_2 的处理组 $AWCD_{590}$ 值均低于对照组，与对照组相比，第 10 天分别降低了 21%、28% 和 44%。

为了进一步探究过氧化氢对铜绿微囊藻代谢活性的影响，选用微生物代谢活性旺盛的 120h 时 $AWCD_{590}$ 值进行分析。由图 4.20(b) 知，第 120h 时，对照组与处理组之间差异显著（$p < 0.05$），且处理组之间差异同样显著（$p < 0.05$）。同时，发现 H_2O_2 浓度越大的处理组 $AWCD_{590}$ 越低。对照组与处理组的值分别为 1.50、1.22、0.94 和 0.80，与对照组相比，处理组分别减少了 19%、37% 和 47%。结果表明，过氧化氢浓度越大铜绿微囊藻代谢活性越低。根据铜绿微囊藻在第 120h 的丰富度指数作图，见图 4.20(c)，对照组与 2mg/L H_2O_2 处理组差异不显著（$p > 0.05$），但是当过氧化氢浓度增大到 6mg/L 和 8mg/L 时，差异显著（$p < 0.05$）。结果表明，不同浓度过氧化氢处理组藻类丰富度指数差异性不同。为了进一步分析不同浓度过氧化氢对铜绿微囊藻代谢活性的影响，本研究对 Biolog 微平板上培养 120h 的 31 种碳源的光吸收值进行主成分分析。由图 4.20(d) 可知，前两个主成分的方差贡献率和为 68.50%，其中 PC1 轴解释了 39.54%，PC2 轴解释了 28.96%。由图 4.20(d) 可知，当过氧化氢浓度增大到 2mg/L 时碳源利用能力发生了显著的变化。对照组位于 PC1 轴正向的第四象限内，而 2mg/L、6mg/L 和 8mg/L H_2O_2 处理组分别位于 PC1 轴负向的第二和第三象限内。对照组和 2mg/L、6mg/L 和 8mg/L H_2O_2 处理组相关性较小，而处理组之间相关性较大。

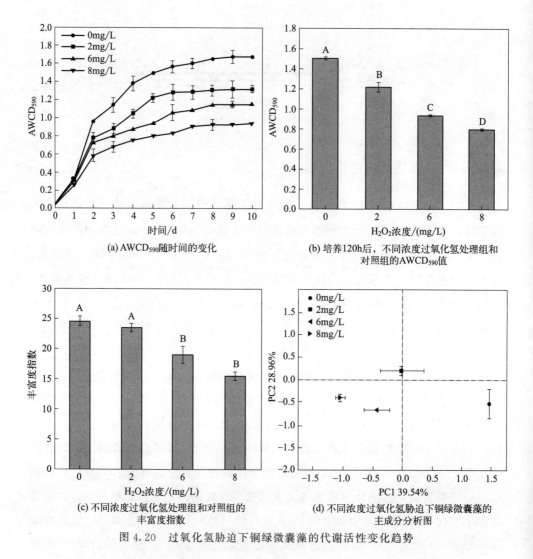

(a) $AWCD_{590}$ 随时间的变化

(b) 培养120h后，不同浓度过氧化氢处理组和对照组的 $AWCD_{590}$ 值

(c) 不同浓度过氧化氢处理组和对照组的丰富度指数

(d) 不同浓度过氧化氢胁迫下铜绿微囊藻的主成分分析图

图 4.20　过氧化氢胁迫下铜绿微囊藻的代谢活性变化趋势

ATP 参与细胞内物质和能量的代谢，因此 iATP 浓度的变化可以反映铜绿微囊藻细胞代谢活性。图 4.21 中，对照组 iATP 在培养期间浓度不断增大，iATP 浓度由最初的 6.79nmol/L 增加到 15.59nmol/L，增加了 129%。过氧化氢浓度为 2mg/L 的处理组 iATP 浓度先减小后增大；在 12h，iATP 浓度为 5.24nmol/L，与初始值相比减少了 24%，之后 iATP 浓度又逐渐增大。与对照组和 2mg/L H_2O_2 处理组显著不同的是，6mg/L 和 8mg/L H_2O_2 处理组 iATP 浓度始终减小，在 60h，iATP 浓度减少至 0。该结果表明过氧化氢浓度增大至 6mg/L 时，过氧化氢对细胞造成了致死作用。

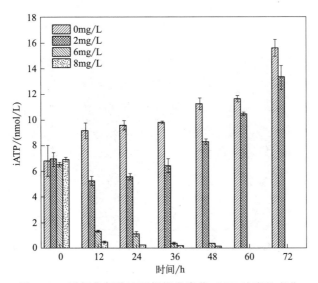

图 4.21　过氧化氢胁迫下铜绿微囊藻 iATP 浓度的变化

4.2.3.7　藻细胞有机物的变化规律

为了进一步分析不同浓度 H_2O_2 对铜绿微囊藻的氧化损伤效应，绘制了培养 72h 后，藻细胞表面分泌的胞外有机物的三维荧光光谱图，结果如图 4.22 所示。图 4.22(a)、(b)、(c) 和 (d) 分别表示的是 H_2O_2 浓度为 0mg/L、2mg/L、6mg/L 和 8mg/L 时铜绿微囊藻胞外有机物的三维荧光光谱。从图 4.22 发现对照组和处理组的成分没有显著差异，主要为可溶性生物代谢产物、类富里酸物质和类腐殖酸物质。且三种成分的荧光强度与 H_2O_2 浓度呈正相关，当 H_2O_2 浓度为 6mg/L 和 8mg/L 时荧光强度显著高于对照组。结果表明，中高浓度的 H_2O_2 会使铜绿微囊藻细胞分解并释放大量的有机物。

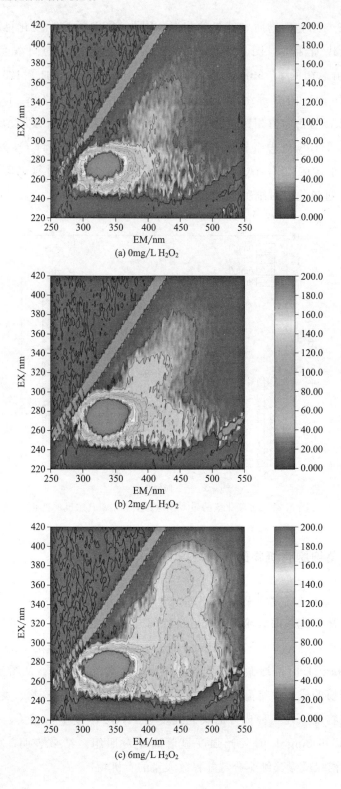

(a) 0mg/L H_2O_2

(b) 2mg/L H_2O_2

(c) 6mg/L H_2O_2

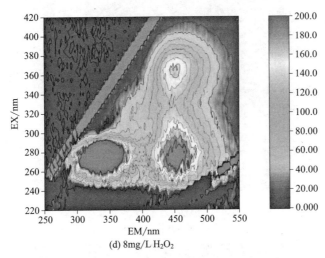

(d) 8mg/L H₂O₂

图 4.22　过氧化氢胁迫下铜绿微囊藻胞外有机物的变化

（EX—激发波长；EM—发射波长）

　　同时，还比较了 H_2O_2 加入培养液 72h 后，藻细胞胞内有机物的三维荧光光谱变化，以此进一步证实铜绿微囊藻细胞的完整性遭到破坏。由图 4.23 可知，对照组和处理组的主要成分包括芳环结构的类蛋白物质、代谢有关类蛋白物质、类富里酸和类腐殖酸物质。与对照组相比，加入 H_2O_2 的处理组类腐殖酸和类富里酸物质部分荧光强度显著减少。研究发现，随着 H_2O_2 浓度的增大，铜绿微囊藻细胞膜被破坏，胞内物质不断释放出来。

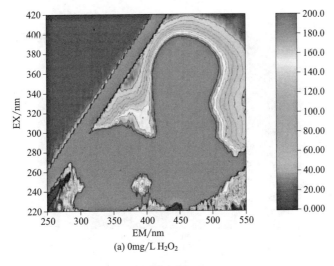

(a) 0mg/L H₂O₂

图 4.23

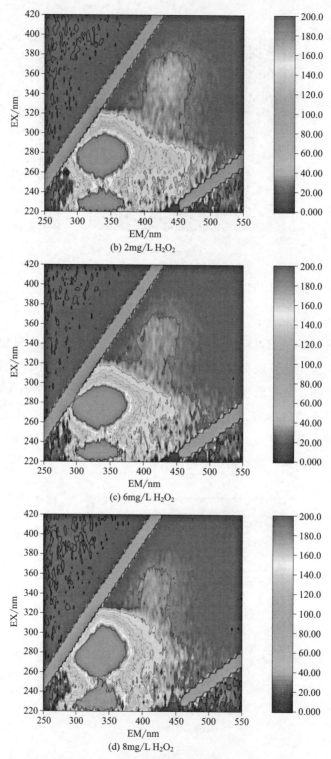

图 4.23　过氧化氢胁迫下铜绿微囊藻胞内有机物的变化

4.2.4　小结

本节首先探讨了过氧化氢对铜绿微囊藻生长、代谢活性和光合作用的相关生理指标的影响。之后，对藻细胞 EOM 和 IOM 的变化进行分析，以期进一步丰富过氧化氢对铜绿微囊藻的氧化损伤机理。

研究结论如下：

（1）铜绿微囊藻对 H_2O_2 的剂量和时间具有依赖性，H_2O_2 浓度越大，细胞损伤越严重。与斜生栅藻不同，铜绿微囊藻对 H_2O_2 更敏感，2mg/L H_2O_2 对铜绿微囊藻产生的生长抑制作用明显。当过氧化氢浓度增大到 8mg/L 时，培养 72h 后，抑制率达到了 46%。同时，72h 时叶绿素 a 的去除率达到 64%。

（2）过氧化氢对铜绿微囊藻光合作用活性的影响比斜生栅藻更大。其中 6mg/L 和 8mg/L H_2O_2 处理组 F_v/F_m 先减小后增大，而 q_P、Y_{II} 和 ETR 在第 12h 减小到 0，且 12h 之后没有恢复。结果表明，6mg/L 和 8mg/L H_2O_2 在加入培养液 12h 后，对铜绿微囊藻光合活性的抑制作用最大，但只是短暂的抑制作用并没有造成永久性的破坏。

（3）抗氧化酶 SOD 和 CAT 活性随过氧化氢浓度的变化有所差异。2mg/L 和 6mg/L H_2O_2 处理组，SOD 活性在第 24h 时达到最大值。当 H_2O_2 浓度增大到 8mg/L 时，SOD 的活性随时间下降，到 72h 时才有所增加。与 SOD 活性不同，2mg/L H_2O_2 处理组 CAT 活性与时间呈正相关，在第 72h 达到最大。而 6mg/L 和 8mg/L H_2O_2 处理组都是在第 24h 时 CAT 活性达到最大。

（4）加入 H_2O_2 后，处理组 $AWCD_{590}$ 值均低于对照组，多样性评价指标差异明显。结果表明，H_2O_2 使铜绿微囊藻的代谢活性降低。同时，发现 6mg/L 和 8mg/L H_2O_2 处理组在 60h 时，iATP 浓度减少至 0。表明 6mg/L 和 8mg/L 的 H_2O_2 对铜绿微囊藻细胞代谢系统造成了极大的损伤作用。

（5）H_2O_2 暴露于铜绿微囊藻培养液后，EOM 主要为可溶性生物代谢产物、类富里酸物质和类腐殖酸物质，三种成分的荧光强度与 H_2O_2 浓度呈正相关。而对照组与处理组的 IOM 主要包括芳环结构的类蛋白物质、代谢有关类蛋白物质、类富里酸和类腐殖酸物质。并且，处理组的类腐殖酸和类富里酸物质部分荧光强度显著较少。结果表明，随着 H_2O_2 浓度的增大，铜绿微囊藻细胞结构和细胞膜被破坏，胞内物质不断释放出来。

4.3 基于光合活性和胞内基因表达解析过氧化氢对小球藻氧化损伤的机制

4.3.1 实验材料

4.3.1.1 藻类材料

普通小球藻：编号为 FACHB-8，由中国科学院武汉水生生物研究所提供。

4.3.1.2 培养基

BG11 培养基，组成见表 4.1。

4.3.1.3 实验试剂及仪器设备

实验主要试剂见表 4.2，除此之外，小球藻有机物测定所用仪器为荧光分光光度计。

4.3.2 实验方法与步骤

4.3.2.1 藻的培养和实验含藻水的配制

小球藻的培养条件与斜生栅藻保持一致。小球藻扩大培养过程中，每隔 2 天测定藻细胞个数，每 3 个样品为一组平行，连续监测 40 天，绘制小球藻细胞生长曲线（图 4.24）。小球藻的生长曲线包含四个生长阶段：0~7 天为延迟期（阶段 1）；7~29 天为对数期（阶段 2）；29~32 天为稳定期（阶段 3）；32~35 天为衰亡期（阶段 4）。

用无菌的 BG11 培养基调整初始 $OD_{680} = 0.016$（对应藻细胞密度为 2.0×10^5 个/mL）。向藻细胞初始密度一致的藻液中加入不同浓度的过氧化氢（H_2O_2）。根据预实验结果设置对照组（不加过氧化氢）和实验组（加入不同浓度过氧化氢）共 4 组，其中实验组的过氧化氢浓度分别为 4mg/L、6mg/L 和 8mg/L，每组设置 3 个平行样。

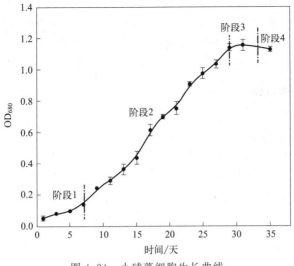

图 4.24　小球藻细胞生长曲线

4.3.2.2　藻细胞密度的测定

每隔 12h 取小球藻培养液 5mL，测定 OD_{680}，以此来间接表征小球藻培养液中的藻细胞密度。将测得的吸光度值代入标准曲线 $Y = 121.3X$（$R^2 = 0.9906$）（Y 的单位为 10^5 个/L）求得藻细胞密度。

4.3.2.3　藻细胞部分生理指标、过氧化氢残余量和代谢相关指标的测定

测定方法同第 4 章（4.1.2.3~4.1.2.8）。

4.3.2.4　藻细胞有机物的测定

测定方法同第 4 章（4.2.2.4）。

4.3.2.5　藻细胞转录组的测定

每个样品的总 RNA 利用 RNeasy Mini 试剂盒和 Trizol 试剂提取，定量和鉴定完整性所用仪器为 Agilent 2100 生物分析仪和 1% 琼脂糖凝胶。根据制造商的方案构建新一代测序文库，并使用 GENEWIZ 处理和分析。

实验设计由四组组成，包括：①对照组；②A＝4mg/L H_2O_2；③B＝6mg/L H_2O_2；④C＝8mg/L H_2O_2。每组三个平行样。通过 Trizol 方法提取样品总 RNA。核糖核酸质量分析、文库构建和测序在美吉生物研究所完成。原始数据

通过适配器移除低质量以及含糊不清的读物以获得干净的序列。其中满足 $p <$ 0.05 和 lg2＞1.0 倍数变化的临界标准的基因被指定为差异表达基因（DEG）。使用 R 软件包 DeSeq2 进行 DEG 分析。

4.3.3 结果与讨论

4.3.3.1 细胞完整性

加入 H_2O_2 后，小球藻细胞形态改变如图 4.25 所示。由图 4.25 可知，对照组小球藻为圆球形状，藻细胞内因含有大量叶绿素和叶黄素而呈淡绿色。H_2O_2 浓度为 4mg/L 的处理组细胞与对照组相比无显著变化，然而，当 H_2O_2 浓度增大到 6mg/L 和 8mg/L 时，细胞出现畸形的现象，并且细胞内色素体溶解。同时，与对照组相比，处理组出现畸形的细胞数目随 H_2O_2 浓度增大而增多。但个体差异和其他方面的原因，相同浓度下各细胞变化的情况不完全一样。结果表明，H_2O_2 可造成小球藻细胞形态改变，出现畸形。

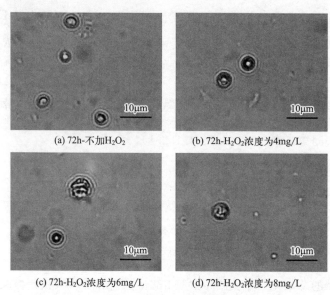

(a) 72h-不加H_2O_2　　　　　(b) 72h-H_2O_2浓度为4mg/L

(c) 72h-H_2O_2浓度为6mg/L　　　　(d) 72h-H_2O_2浓度为8mg/L

图 4.25　过氧化氢胁迫下小球藻细胞形态变化

4.3.3.2 过氧化氢对藻细胞生长的抑制作用

H_2O_2 胁迫下小球藻细胞密度的变化如图 4.26(a) 所示，处理组在整个暴露时间里细胞密度均低于对照组。其中，对照组和 4mg/L H_2O_2 处理组中藻细胞密度在第 72h 分别是原来的 3.7 倍和 3.5 倍。6mg/L 和 8mg/L H_2O_2 处理组，在整个暴露时间里小球藻细胞密度增长非常缓慢，72h 藻细胞密度与对照组相比减少了 24％和 53％。结果表明，H_2O_2 对小球藻生长的抑制作用与 H_2O_2 的浓度呈正相关。与前文研究相比，本研究还发现相同浓度的 H_2O_2 在加入培养液中以相同条件培养 72h 后，H_2O_2 对本章研究的三种藻的抑制作用大小为：铜绿微囊藻＞斜生栅藻＞小球藻。

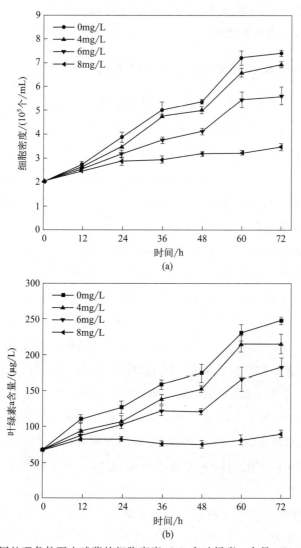

图 4.26　不同处理条件下小球藻的细胞密度（a）和叶绿素 a 含量（b）的变化趋势

本研究还分析了 H_2O_2 对小球叶绿素 a 含量的影响，结果如图 4.26(b) 所示。H_2O_2 浓度为 4mg/L 时，叶绿素 a 始终保持增长趋势，与初始叶绿素 a 浓度 66.272μg/L 相较，72h 时增长了 225%。6mg/L H_2O_2 处理组在 36h 内为增长趋势，48h 后又恢复增长。这可能是因为 36h 之前过氧化氢未完全分解完，对藻细胞有一定的抑制作用。与前两组浓度相比，H_2O_2 浓度为 8mg/L 时，对小球藻的抑制效果显著。小球藻叶绿素 a 浓度只在 12h 之前有所增长，之后基本保持不变，在 48h 后才得到缓慢恢复。72h 时小球藻叶绿素 a 浓度与初始值相比仅仅增加了 13%。H_2O_2 影响小球藻的叶绿素 a 含量，直接影响到小球藻的光合作用和生长。结果表明，当 H_2O_2 浓度为 8mg/L 时，叶绿素 a 含量增长不显著，对小球藻的生长具有抑制作用。

4.3.3.3 过氧化氢对藻细胞光合活性的影响

为了研究光合活性对 H_2O_2 胁迫的响应规律，分别在 12h、24h、36h、48h、60h 和 72h 测定 H_2O_2 胁迫下叶绿素荧光相关参数，如图 4.27 所示。在整个实验周期内，H_2O_2 对 F_v/F_m 具有明显的抑制效应，如图 4.27(a) 所示，H_2O_2 浓度越大，F_v/F_m 减小越明显。4mg/L H_2O_2 胁迫 72h 时，F_v/F_m 值高于对照组，说明低浓度 H_2O_2 对光合作用参数 F_v/F_m 有些许促进作用。从时间效应上分析，抑制作用呈现先增大后减小的趋势，以 8mg/L H_2O_2 处理组为例，与对照组相比，胁迫 24h 后抑制率达到最高（31%），随后 72h 降为 13%。这说明后期光合活性出现了一定程度的恢复。由图 4.27(b) 可知，4mg/L H_2O_2 处理组与对照组无显著差异，q_P 呈现增大的趋势。然而，8mg/L H_2O_2 处理组先减小后增大，在 24h 时 q_P 为 0，36h 后又得到恢复，随后在 48h 时 q_P 为 0，到 60h 时增长为 36h 时的 160%，在 72h 时略有下降。同样如图 4.27(c) 所示，24h 时，$Y_Ⅱ$ 值与 H_2O_2 浓度呈正相关，H_2O_2 浓度为 8mg/L 时，与对照组相比抑制率达到最大（70%），之后抑制率减小到 22%。此外，如图 4.27(d) 所示，ETR 随 H_2O_2 浓度的增大显著降低，在 24h，8mg/L H_2O_2 处理组 ETR 达到最小（0.967），抑制率最大达 71%，之后 ETR 逐渐增大，在 72h 时 ETR 值 3.533，抑制率 22%。结果表明，H_2O_2 浓度为 8mg/L 时，加入培养液 24h 光合活性受到影响最大。

本研究发现在 H_2O_2 的胁迫下，小球藻叶绿素荧光参数减小不显著。研究发现 H_2O_2 浓度为 8mg/L 在培养 24h 时，q_P 发生明显的猝灭，说明高浓度 H_2O_2 使叶绿体中色素吸收的光能用于光化学反应电子传递的比例减少。24h 后，光合活性又有所恢复。表明 H_2O_2 只是短期内抑制了小球藻 PSⅡ 的光合活性，后期藻细胞光合活性得以恢复甚至增强。

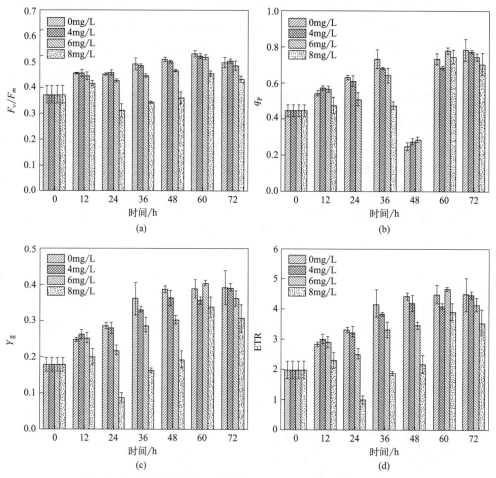

图 4.27　过氧化氢胁迫下小球藻叶绿素荧光特性参数的变化趋势

4.3.3.4　过氧化氢对藻细胞抗氧化酶活性的影响

H_2O_2 对小球藻 SOD 和 CAT 活性的影响如图 4.28 所示。由图 4.28(a) 可知，培养 24h，随着 H_2O_2 浓度的增加，SOD 的活性先升高后降低，H_2O_2 浓度为 4mg/L、6mg/L 和 8mg/L 时 SOD 的活性与空白对照组相比分别增加了96%、71% 和 14%，且与对照组有显著差异。4mg/L H_2O_2 处理组，在 48h 和 72h SOD 活性分别为 197.518U/mg 蛋白质和 185.613U/mg 蛋白质，与对照组相比，分别增加了 13% 和 16%。而 H_2O_2 浓度增大为 8mg/L 时，在 48h 和 72h，SOD 活性分别为 526.999U/mg 蛋白质和 394.386U/mg 蛋白质，与对照组相比，分别增加了 210% 和 146%。与低浓度相比，高浓度 H_2O_2 引发了抗氧化防御体系做出反应，SOD 活性增强。如图 4.28(b) 所示，处理组小球藻 CAT 活性增加。低浓度和高浓度处理组，小球藻的 CAT 在 72h 和 48h 最大，分别可达到空白对照组的 3.09 倍和 7.25 倍。培养 48h，小球藻的 CAT 活性与 H_2O_2 浓度呈正相关。在 H_2O_2 浓度为 8mg/L 时，小球藻的 CAT 活性随时间的变化是先增大后减小，72h 时 CAT 活性仅为 24h 的 1.08 倍。

抗氧化系统的 SOD 和 CAT 是有机体抵抗氧自由基对机体造成伤害的不可缺少的酶。在本研究中，H_2O_2 使 SOD 和 CAT 活性增加，可能是由于氧化胁迫导致过量的超氧化物生成，提高了编码 SOD 基因的表达。Kurama 等同样发现 SOD 浓度增大是植物为了保护叶绿体免受外界损伤的一种机制。SOD 活性的提高使超氧化物转化为 H_2O_2 更多，进一步激活了 CAT 活性。因此，CAT 活性的增加可以被当作细胞对抗氧化作用的一种适应性策略。

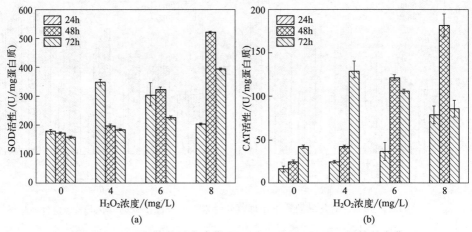

图 4.28　H_2O_2 胁迫下小球藻 SOD（a）和 CAT（b）活性的变化

4.3.3.5　过氧化氢的降解

72h 内，H_2O_2 残余量变化如图 4.29 所示。12h 内，H_2O_2 迅速降解，4mg/L、6mg/L 和 8mg/L H_2O_2 处理组降解率分别为 54%、53% 和 41%。同时，在第 36h 时，H_2O_2 的残余量与初始值相比显著减少，分别为 0.21mg/L、0.63mg/L 和 0.71mg/L，降解了 95%、89% 和 91%。48h 时，处理组 H_2O_2 基本降解完，浓度保持不变。因此，36h 是实际应用中投加 H_2O_2 以高效消灭小球藻的参考时间点。

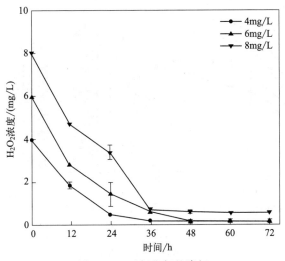

图 4.29　过氧化氢的降解

4.3.3.6　过氧化氢对藻细胞代谢活性的影响

$AWCD_{590}$ 通常用来反映微生物群落反应速率和最终达到的程度。根据小球藻培养 240h 利用 31 种碳源的能力，绘制出 $AWCD_{590}$ 随时间的变化曲线。如图 4.30(a) 所示，随着培养时间的延长，小球藻 $AWCD_{590}$ 逐渐增大，表明藻细胞在整个培养过程均保持代谢活性。培养 1 天后，$AWCD_{590}$ 快速增大，藻细胞进入指数生长期，第 5 天以后缓慢步入稳定期，对照组和 4mg/L 和 6mg/L H_2O_2 处理组在第 7 天时达到平衡，而 8mg/L H_2O_2 处理组在第 9 天时达到平衡。且加入 H_2O_2 的处理组 $AWCD_{590}$ 均低于对照组，与对照组相比，第 10 天分别减少了 7％、27％和 32％。

选用微生物代谢活性旺盛的 120h 时的 $AWCD_{590}$ 值进行进一步分析。由图 4.30(b) 可知，第 120h 时对照组与处理组的 $AWCD_{590}$ 值分别为 1.43、1.29、0.96 和 0.82，处理组与对照组相比分别减小了 10％、14％和 43％。根据小球藻在第 120h 的丰富度指数作图 [图 4.30(c)]，对照组与 4mg/L H_2O_2 处理组差异不显著 ($p > 0.05$)，但是当 H_2O_2 浓度增大到 6mg/L 和 8mg/L 时，差异显著 ($p < 0.05$)。结果表明，过氧化氢浓度不低于 6mg/L 时，小球藻代谢活性受到显著的抑制作用，藻细胞多样性减小。为了进一步分析不同浓度 H_2O_2 胁迫下小球藻碳源利用的特点，将 120h 测得的 $AWCD_{590}$ 标准化变换后，进行主成分分析。将前两个主成分得分作图 [图 4.30(d)]，前两个主成分的方差贡

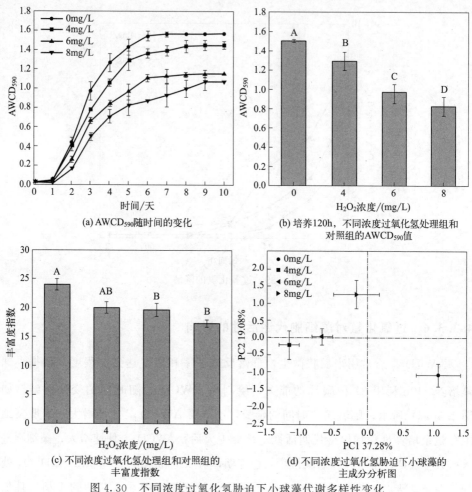

(a) AWCD$_{590}$随时间的变化

(b) 培养120h，不同浓度过氧化氢处理组和
对照组的AWCD$_{590}$值

(c) 不同浓度过氧化氢处理组和对照组的
丰富度指数

(d) 不同浓度过氧化氢胁迫下小球藻的
主成分分析图

图4.30　不同浓度过氧化氢胁迫下小球藻代谢多样性变化

献率为56.36%，其中PC1轴解释了37.28%，PC2轴解释了19.08%。对照组位于PC1轴正向的第四象限内，而4mg/L、6mg/L和8mg/L H$_2$O$_2$处理组分别位于PC1轴负向的第三和第二象限内。对照组与4mg/L、6mg/L和8mg/L H$_2$O$_2$处理组相关性较小。而加入了H$_2$O$_2$的处理组之间相关性较大。

iATP的浓度可以间接反映小球藻的代谢活性，如图4.31所示。对照组和4mg/L H$_2$O$_2$处理组iATP在培养期间浓度不断增大，iATP浓度由最初的3.67nmol/L分别增加到23.24nmol/L和21.10nmol/L，是原来的6.3倍和5.7倍。6mg/L和8mg/L H$_2$O$_2$处理组iATP浓度先减小后增大；在12h，iATP浓度分别为1.64nmol/L和0.53nmol/L，与初始值相比减少了55%和86%，12h后，iATP浓度又逐渐增大；在72h，iATP浓度分别增大为20.59nmol/L和18.09nmol/L，但是其值仍然低于对照组。该结果表明，6mg/L H$_2$O$_2$对藻细胞造成了暂时的抑制作用，但是并未造成永久性致死。

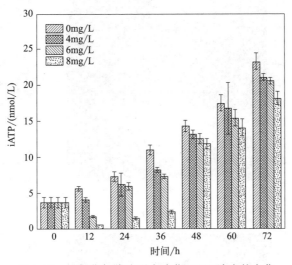

图 4.31　过氧化氢胁迫下小球藻 iATP 浓度的变化

4.3.3.7　过氧化氢作用于小球藻有机物的变化规律

在 H_2O_2 浓度为 0mg/L、4mg/L、6mg/L 和 8mg/L 的实验条件下，72h 的荧光光谱及参数变化如图 4.32 所示。由图 4.32(a) 可知，对照组中藻细胞胞外有机物包含 2 个比较明显的荧光峰带，它们分别属于类腐殖酸物质和溶解性微生物代谢产物，反映出胞外有机物中含有较高浓度的微生物代谢产物，有文献报道了类似的结论。从图 4.32(b) 可见，在 H_2O_2 浓度为 4mg/L 体系反应 72h 后，两个峰荧光强度高于对照组，说明 H_2O_2 引起藻细胞裂解进而向水体中分泌和

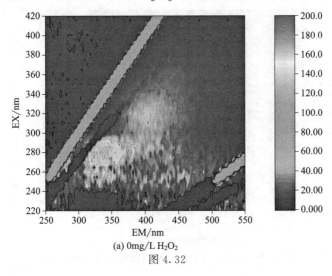

(a) 0mg/L H_2O_2

图 4.32

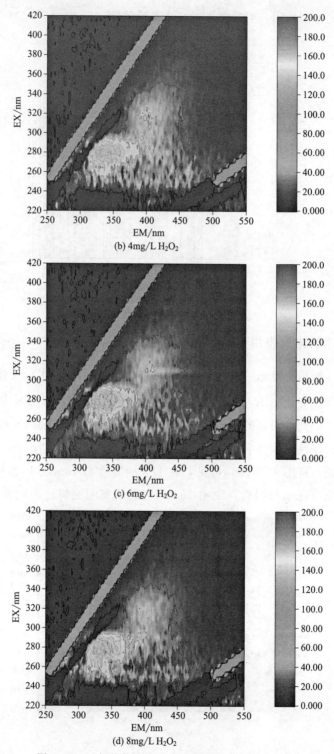

图 4.32 过氧化氢胁迫下小球藻胞外有机物的变化

释放胞内的类腐殖酸物质。然而，如图 4.32(d) 所示，当 H_2O_2 浓度为 8mg/L 时，类腐殖酸物质减少而溶解性微生物代谢产物增加。可能是因为高浓度 H_2O_2 进一步氧化甚至矿化释放出了类腐殖酸物质，这和臭氧氧化铜绿微囊藻的情况相似。

为了进一步确定 H_2O_2 对藻细胞有机物造成的影响，本研究还测定了 H_2O_2 加入培养液 72h 后，藻细胞的胞内有机物的三维荧光光谱变化。由图 4.33 可知，对照组和处理组的荧光峰带都有三个，包括芳环结构的类蛋白物质、代谢有关类蛋白物质和类腐殖酸物质。与对照组 ［图 4.33(a)］ 相比，4mg/L H_2O_2 处理组 ［图 4.33(b)］ 显示，类腐殖酸物质荧光强度增强，类蛋白物质减少，随着 H_2O_2 浓度的增加，类腐殖酸物质荧光强度减弱。

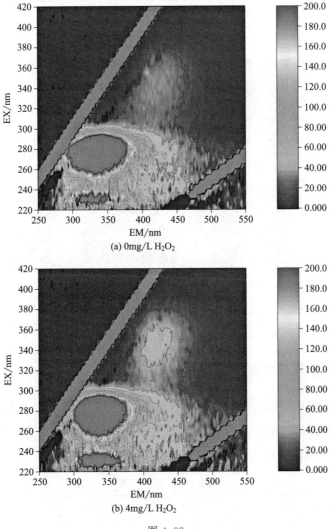

(a) 0mg/L H_2O_2

(b) 4mg/L H_2O_2

图 4.33

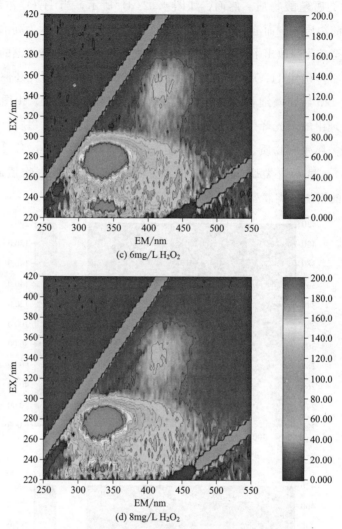

(c) 6mg/L H₂O₂

(d) 8mg/L H₂O₂

图 4.33　过氧化氢胁迫下小球藻胞内有机物的变化

4.3.3.8　过氧化氢胁迫下小球藻基因表达差异

如表 4.5 所示为测序质量的分析。其中测序片段（reads）的平均值为 44885240，碱基数的平均值为 8534398434bp，GC 的含量大约为 61%，Q20 均大于 97%，因此，此次的测序质量良好。

表 4.5　测序质量

样品	过滤后的序列数	过滤后有效数据量	错误率/%	Q20/%	Q30/%	GC 含量/%
对照组-1	45382466	6664905609	0.0259	97.62	93.3	61.31

样品	过滤后的序列数	过滤后有效数据量	错误率/%	Q20/%	Q30/%	GC 含量/%
对照组-2	45670996	6689426847	0.0257	97.71	93.53	61.87
对照组-3	60662970	8707049070	0.0255	97.77	93.65	61.45
A_4-1	44145172	6389291525	0.0258	97.67	93.43	61.13
A_4-2	44972252	6591199637	0.026	97.57	93.21	60.98
A_4-3	41420390	6057279738	0.0259	97.64	93.32	61.67
B_6-1	41656984	6097144948	0.0261	97.56	93.17	61.52
B_6-2	41813506	6076674394	0.0259	97.61	93.32	60.79
B_6-3	45746700	6673532735	0.0259	97.66	93.35	59.25
C_8-1	43094900	6286493951	0.0258	97.64	93.38	60.84
C_8-2	43331544	6234340308	0.0256	97.73	93.59	59.45
C_8-3	40724998	5945442442	0.0256	97.75	93.63	61.09

注：Q20—质量值≥20 的碱基所占百分比；Q30—质量值≥30 的碱基所占百分比。

对过氧化氢胁迫下小球藻的差异基因进行 GO 富集分析（表 4.6），可以看出生物过程、细胞组分和分子功能有较多的差异基因，其中排前六位的差异基因主要分布在：细胞途径、代谢途径、生物调控、定位、组织细胞组分或合成和应激反应（生物过程）；细胞部分、膜部分、细胞器、细胞器部分、蛋白质复合物和细胞膜（细胞组分）；催化活性、结合性、转运活性、分子结构活性、翻译调节活性和转录调节活性（分子功能）。

表 4.6　GO 基因分析

序列号	GO ID(Lev2)	GO Term(Lev2)	Term 类型
875	GO：0045182	翻译调节活性	分子功能
750	GO：0140110	转录调节活性	分子功能
1766	GO：0005198	分子结构活性	分子功能
60	GO：0038024	蛋白受体活性	分子功能
53	GO：0140104	分子载体活性	分子功能
457	GO：0016209	抗氧化活性	分子功能
15	GO：0140312	蛋白转运活性	分子功能
3184	GO：0005215	转运活性	分子功能
717	GO：0098772	分子功能调节剂	分子功能
252	GO：0140299	小分子传感活性	分子功能
23664	GO：0005488	结合性	分子功能
63	GO：0045735	营养库活性	分子功能

续表

序列号	GO ID(Lev2)	GO Term(Lev2)	Term 类型
56	GO:0031386	蛋白质标签	分子功能
341	GO:0060089	分子转导活性	分子功能
25481	GO:0003824	催化活性	分子功能
63	GO:0044183	蛋白质复合物	细胞组分
328	GO:0031974	膜封闭腔	细胞组分
7862	GO:0032991	含蛋白质复合物	细胞组分
1174	GO:0005623	细胞	细胞组分
16157	GO:0044425	膜部分	细胞组分
119	GO:0044421	胞外区部分	细胞组分
8225	GO:0044422	细胞器部分	细胞成分
10880	GO:0043226	细胞器	细胞组分
3	GO:0045202	突触	细胞组分
3831	GO:0016020	膜	细胞组分
229	GO:0030054	细胞连接	细胞组分
436	GO:0005576	细胞外区	细胞组分
41	GO:0009295	拟核	细胞组分
18913	GO:0044464	细胞部分	细胞组分
378	GO:0099080	超分子复合物	细胞组分
57	GO:0002376	免疫系统过程	生物过程
18	GO:0015976	碳利用	生物过程
5969	GO:0065007	生物调节	生物过程
18264	GO:0008152	代谢过程	生物过程
7	GO:0043473	色素沉积	生物过程
205	GO:0051704	多有机体过程	生物过程
45	GO:0040011	移动	生物过程
257	GO:0022414	繁殖过程	生物过程
7	GO:0000003	繁殖过程	生物过程
3761	GO:0071840	细胞组分组织或生物发生	生物过程
20066	GO:0009987	细胞过程	生物过程
472	GO:0032502	发育过程	生物过程
175	GO:0032501	多细胞生物过程	生物过程
116	GO:0040007	生长	生物过程
15	GO:0048511	生理节律	生物过程
4346	GO:0051179	定位	生物过程

续表

序列号	GO ID(Lev2)	GO Term(Lev2)	Term 类型
13	GO:0022610	生物黏附	生物过程
73	GO:0098754	解毒	生物过程
4	GO:0023052	信号	生物过程
25	GO:0019740	氮利用	生物过程
3356	GO:0050896	刺激反应	生物过程

注：GO ID（Lev2）—Gene Ontology Identification（Level 2），即基因本体鉴定的第二级标识；
　　GO Term（Lev2）—Gene Ontology 中的第二级术语；
　　Term 类型—分为分子功能、细胞组分和生物过程。

为了更好地了解基因的生物学功能，进行 KEGG 富集分析。从图 4.34 可以看出代谢途径主要有糖类代谢、氨基酸代谢、能量代谢、脂质代谢、维生素及辅助因子代谢和核苷酸代谢。遗传信息进程主要有转录、翻译、复制与修复以及折叠、分拣和降解。环境信息处理主要有信号转导和膜转运。细胞过程主要有运输与分解和细胞生长与死亡。结果表明，过氧化氢对小球藻代谢活性影响显著。

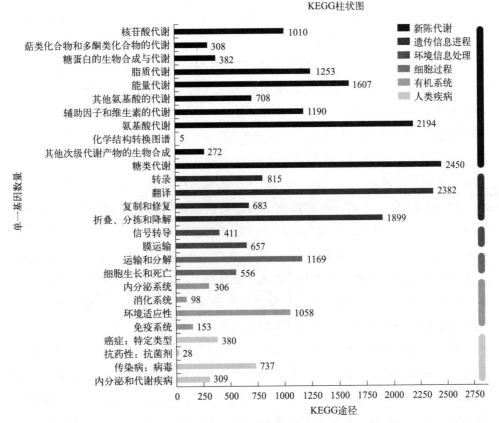

图 4.34　KEGG 途径富集分析

4.3.4 小结

本节主要对 H_2O_2 胁迫下小球藻生长、代谢活性和光合作用相关生理指标进行测定。同时,对藻细胞有机物 EOM 和 IOM 的变化用三维荧光表征。此外,利用高通量测序技术分析 H_2O_2 胁迫下小球藻的基因表达差异。

研究结论如下:

(1) 4mg/L H_2O_2 对小球藻产生抑制作用。H_2O_2 浓度为 6mg/L 和 8mg/L 时,培养 72h 后细胞形态发生显著改变,细胞出现畸形的现象。72h 时,8mg/L H_2O_2 处理组藻细胞密度与对照组相比减少了 53%,而叶绿素 a 浓度与初始值相比仅仅增加了 13%。H_2O_2 对藻细胞的氧化损伤作用大小为:铜绿微囊藻>斜生栅藻>小球藻。

(2) H_2O_2 浓度为 8mg/L 时,F_v/F_m 先减小后增大。24h 时,仅有 q_P 为 0,之后又得到恢复。同样的,Y_{II} 和 ETR 都在 H_2O_2 浓度为 8mg/L 时藻细胞抑制率达到最大,分别为 70% 和 71%。结果表明,H_2O_2 浓度为 8mg/L 时,加入培养液 24h 对光合活性抑制达到最大。

(3) 小球藻的抗氧化酶 SOD 与 CAT 活性与斜生栅藻不同。当 H_2O_2 浓度增大为 8mg/L 时,培养 72h 后,SOD 活性增大为 394.386U/mg 蛋白质,与对照组相比,增加了 146%。此时,H_2O_2 引发了抗氧化防御体系做出反应,SOD 活性增强。CAT 与 SOD 不同,CAT 活性在 4mg/L H_2O_2 处理组 72h 内随时间的延长而增大。而 H_2O_2 浓度增大到 8mg/L 时,小球藻的 CAT 活性随时间的变化是先增大后减小。

(4) $AWCD_{590}$ 表明,不同浓度 H_2O_2 对藻细胞代谢活性的影响有所差异。对照组与 4mg/L、6mg/L 和 8mg/L H_2O_2 处理组相关性较小。同样,对照组和 4mg/L H_2O_2 处理组 iATP 在培养期间浓度不断增大,而 6mg/L 和 8mg/L H_2O_2 处理组 iATP 浓度先减小后增大,在 72h,iATP 浓度与对照组相比分别减少了 11% 和 22%。因此,H_2O_2 浓度增大至 6mg/L 时,H_2O_2 对细胞代谢活性造成了暂时的抑制作用,但是并未造成细胞永久性致死。

(5) 不同浓度 H_2O_2 作用于小球藻后,4mg/L H_2O_2 处理组 EOM 属于类腐殖酸物质和溶解性微生物代谢产物,反映出胞外有机物中含有较高浓度的微生物代谢产物。进一步分析 IOM 发现对照组和处理组的荧光峰带都有三个,包括芳环结构的类蛋白物质、代谢有关类蛋白物质和类腐殖酸物质。并且,随着 H_2O_2

浓度的增加，类腐殖酸物质荧光强度减弱。

（6）利用高通量测序技术研究了过氧化氢胁迫下小球藻差异基因的表达。经过分析发现氨基酸代谢、能量代谢、脂质代谢、糖类代谢、维生素及辅助因子代谢和核苷酸代谢等与代谢相关的基因表达显著，表明了过氧化氢是通过抑制小球藻光合作用、呼吸作用、产生氧化应激和破坏细胞膜的完整性来抑制其生长、代谢和光合活性的。

4.4　过氧化氢在典型城市内湖水体藻类控制中的应用

4.4.1　实验材料

4.4.1.1　取样点概括

原水取自西安市莲湖公园（LH）、兴庆公园（XQ）和曲江池（QJ），景观水体的详细信息如表 4.7 所示。本研究选取的 3 个取样点为西安市具有不同城市功能的景观水体，分别具有旅游观赏性、休闲娱乐性和商业性。于 2019 年 9 月 6 日，用取样桶（15L）从三个城市内湖的三个平行取样点（A、B 和 C），取表层（水面 20cm 内）湖水，分装入 500mL 锥形瓶中，保持所有实验组水样体积为 300mL。实验开始前，测定各城市内湖水体中藻细胞密度。

表 4.7　西安市 3 个景观水体概况

城市湖泊	采样点	纬度	经度	水量/($\times 10^4 m^3$)	建造年份
莲湖公园(LH)	A	34°16′28″N	108°56′44″E	2	1916
	B	34°16′27″N	108°56′47″E		
	C	34°16′29″N	108°56′51″E		
兴庆公园(XQ)	A	34°15′39″N	108°59′18″E	15	1965
	B	34°15′39″N	108°59′30″E		
	C	34°15′44″N	108°59′35″E		
曲江池(QJ)	A	34°12′07″N	108°59′34″E	54	2008
	B	34°12′21″N	108°59′30″E		
	C	34°12′40″N	108°59′18″E		

4.4.1.2 药剂投加

采用过氧化氢（H_2O_2，分析纯，质量分数为 30%），设置未投加 H_2O_2 的对照组和投加 H_2O_2（浓度为 2mg/L、4mg/L、6mg/L、8mg/L 和 10mg/L）处理组，投药时搅拌混匀。

4.4.1.3 原水实验

将装有原水的锥形瓶置于室温下培养，且每天摇晃 3 次，以防藻细胞贴壁生长，同时增加溶解氧。加药处理后，每隔 12h 测定水样中 H_2O_2 的残余量，此外在实验进行到 72h 时，取水样 50mL 用于藻类密度和群落结构分析。

4.4.2 实验分析方法

4.4.2.1 藻类细胞密度和种群结构的测定

测定方法见本章 4.1.2.2 小节。

4.4.2.2 过氧化氢残余量的测定

测定方法同本章 4.1.2.6 小节。

4.4.2.3 数据统计分析

实验数据采用 Excel 2010 软件分析和 Origin 8.0 软件绘图。

藻细胞去除率公式为：

$$去除率 = (N_0 - N_t)/N_0$$

式中　N_0——0h 水体中藻细胞数目；

　　　N_t——72h 水体中藻细胞数目。

4.4.3 结果与讨论

4.4.3.1 藻类细胞密度分析

向实验原水中投加 H_2O_2 72h 后，H_2O_2 对藻类细胞密度的去除率如表 4.8

所示。实验前测得 LH 组、XQ 组、QJ 组的藻细胞密度分别为 1.39×10^8 个/L、2.48×10^8 个/L 和 5.23×10^8 个/L。培养 72h 后，对照组藻类正常生长，LH 组、XQ 组和 QJ 组藻细胞密度增大至 2.39×10^8 个/L、3.86×10^9 个/L 和 1.05×10^9 个/L。LH 组藻细胞密度与 H_2O_2 浓度呈负相关，H_2O_2 浓度为 10mg/L 的处理组去除率最大，达到 82%。与 LH 组相似，XQ 组和 QJ 组中 H_2O_2 浓度为 10mg/L 的处理组去除率分别为 77% 和 79%。结果表明，H_2O_2 浓度越大，藻细胞去除率越高。

表 4.8　投加过氧化氢 72h 后实验原水中藻类的去除率

H_2O_2 浓度 /(mg/L)	LH		XQ		QJ	
	藻细胞数目 /(10^6 个/L)	去除率/%	藻细胞数目 /(10^6 个/L)	去除率/%	藻细胞数目 /(10^6 个/L)	去除率/%
0	239 ± 20	-71	3855 ± 325	-55	1047 ± 165	-101
2	153 ± 5	-9	1676 ± 280	33	189 ± 6	25
4	123 ± 7	12	120 ± 4	52	87 ± 2	45
6	103 ± 2	26	91 ± 5	63	29 ± 1	63
8	88 ± 2	37	70 ± 3	72	15 ± 1	71
10	25 ± 0.3	82	57 ± 0.8	77	11 ± 0.1	79

4.4.3.2　藻类种群结构变化

加入 H_2O_2 培养 72h 后，LH 组、XQ 组和 QJ 组浮游藻类门水平丰度如图 4.35 所示。如图 4.35(a) 所示，本研究发现 LH 组浮游藻类共 5 门，分别为绿藻门、蓝藻门、硅藻门、裸藻门和甲藻门。LH 水体中各个组的浮游藻类中蓝藻门所占比例最大。其中 H_2O_2 浓度为 10mg/L 蓝藻门占 60.53%，绿藻门占 39.47%。随着 H_2O_2 浓度的增大，蓝藻门数目变化最大。由图 4.35(b) 可知，XQ 组浮游藻类共 4 门，分别为绿藻门、蓝藻门、硅藻门和裸藻门。XQ 水体中的浮游藻类中蓝藻门和绿藻门丰度最高，其中蓝藻门丰度随着 H_2O_2 浓度的增大，先减小后增大。对照组蓝藻门占 96.92%，H_2O_2 浓度为 6mg/L 时蓝藻门丰度减少到最低，占 40.15%。H_2O_2 浓度为 10mg/L 时，蓝藻门占比增加到 74.42%。结果表明，XQ 水体中投加 H_2O_2 后，藻类群落结构发生改变。由图 4.35(c) 可知，QJ 组浮游藻类主要为绿藻门、蓝藻门、硅藻门、裸藻门和甲藻门。与对照组相比，处理组蓝藻门的丰度变化最明显，对照组中蓝藻门占86.5%，处理组随着浓度的增大所占比例分别为 18.31%、10.77%、9.3%、

21.74％和11.76％，与对照组相比显著减少。同时，所有处理组的优势种都为绿藻门，而对照组为蓝藻门。结果表明，投加 H_2O_2 后，由于不同的藻类对 H_2O_2 的敏感性不同导致藻类群落结构发生改变。

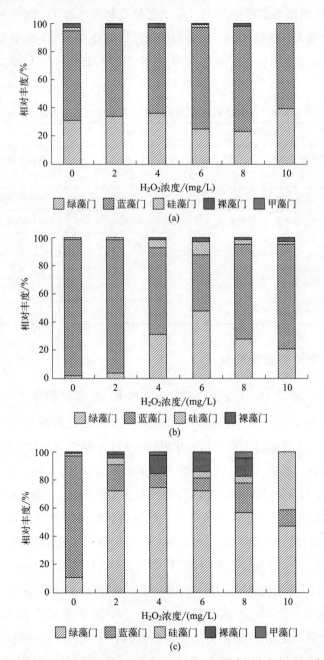

图 4.35 LH 组（a）、XQ 组（b）和 QJ 组（c）实验原水投加 H_2O_2 72h 后藻类群落结构组成（门水平）

向实验原水中投加 H_2O_2 培养 72h 后，LH、XQ 和 QJ 浮游藻类属水平的藻类丰度如图 4.36 所示。由图 4.36（a）可知，对照组中直链藻属为优势属，占 48.88%。随着 H_2O_2 浓度的增加，直链藻属的丰度减小，当 H_2O_2 浓度增大到 10mg/L 时，直链藻属占 13.16%，并且，此处理组的优势藻属由直链藻属变为小环藻属。值得注意的是，处理组的藻多样性变小，且部分藻属丰度为 0。另外，当 H_2O_2 浓度增大至 6mg/L 时，小球藻属丰度减小为 0，而对照组中为 0.84%；当 H_2O_2 浓度增大至 8mg/L 时，栅藻属丰度减少到 0，而对照组中为 9.22%。结果表明，向实验原水中投加浓度为 8mg/L 的 H_2O_2，对栅藻和小球藻有明显的抑制作用，这与前几章实验条件下的纯藻实验结果一致。由图 4.36（b）可知，XQ 实验原水的对照组和处理组的优势种都属于针杆藻属，其在对照组和 H_2O_2 浓度为 2mg/L 的处理组占比分别为 96.44% 和 94.35%，但是其在 H_2O_2 浓度为 4mg/L、6mg/L、8mg/L 和 10mg/L 的处理组中丰度有所减少，减少至 43.89%、28.47%、40% 和 43.02%。表明，投加 H_2O_2 到实验原水后，针杆藻属的优势有所减弱。需要重点关注的是，随着针杆藻属优势的减弱，藻类多样性增加。另外，绿藻门的栅藻属和小球藻属的丰度先增大后减少，而当 H_2O_2 浓度增大到 8mg/L 和 10mg/L 时，蓝藻门的微囊藻属丰度减为 0。结果表明，H_2O_2 对蓝藻的毒性作用大于绿藻，这与 Matthijs 等得到的结论一致。由

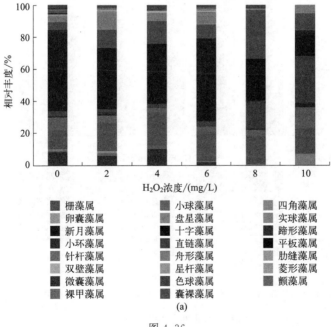

图 4.36

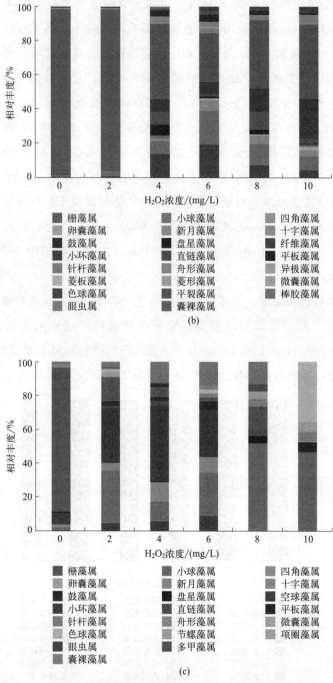

图 4.36　LH 组（a）、XQ 组（b）和 QJ 组（c）实验原水中投加 H_2O_2

72h 后藻类群落结构组成（属水平）

图 4.36(c) 可知，QJ 中总共鉴定出 22 属，其中对照组和处理组的优势种属差异显著，对照组的优势种属于针杆藻属，占 84.65％，而 H_2O_2 浓度为 2mg/L、4mg/L 和 6mg/L 的处理组优势种属于盘星藻属，分别占 32.39％、43.85％ 和 27.91％。H_2O_2 浓度为 8mg/L 和 10mg/L 的处理组优势种属于小球藻属，分别占 52.17％ 和 47.06％。结果表明，加入 H_2O_2 后优势藻属由硅藻门的属类变为绿藻门的属类。关于 H_2O_2 对硅藻的氧化胁迫还需进一步的研究。

4.4.3.3　过氧化氢应用中的经济成本核算

本原水实验研究结果表明，H_2O_2 对城市内湖富营养化污染水体进行除藻的效果显著，而且具有见效快和对水环境生态影响小的特点。因此，利用 H_2O_2 对城市内湖富营养化水体进行除藻在工程技术上是可行的。在实验室条件下确定的 H_2O_2 的最佳除藻浓度为 8mg/L，因此每立方米城市内湖水体中需要加入 H_2O_2 8g。工业上每吨 30％ 的 H_2O_2 价格为 1120 元，则处理每立方米的城市内湖水体的成本为 0.01 元。H_2O_2 作为除藻剂应用于莲湖（LH）、兴庆（XQ）和曲江（QJ）水体的成本核算如表 4.9 所示。

表 4.9　H_2O_2 实际应用的成本核算

城市	水体容量/m³	药剂量/g	价格/(元/m³)	成本/元
莲湖(LH)	20000	160000	0.01	200
兴庆(XQ)	150000	1200000	0.01	1500
曲江(QJ)	540000	4320000	0.01	5400

4.4.4　小结

（1）LH 组、XQ 组和 QJ 组藻细胞密度与 H_2O_2 浓度呈负相关，H_2O_2 浓度为 10mg/L 的处理组去除率最大，向三个城市内湖中投加 H_2O_2 72h 后，去除率达到 82％、77％ 和 79％。结果表明，H_2O_2 浓度越大，藻细胞去除率越高。

（2）LH 组、XQ 组和 QJ 组浮游藻类共 5 门，分别为绿藻门、蓝藻门、硅藻门、裸藻门和甲藻门。同时，发现三个城市内湖中的浮游藻类中蓝藻门丰度最高。投加 H_2O_2 后，由于不同的藻类对 H_2O_2 的敏感性不同，导致藻类群落结构发生改变。属水平分析发现，LH 随着 H_2O_2 浓度的增加，优势藻属由直链藻属变为小环藻属。另外，当 H_2O_2 浓度增大至 6mg/L 和 8mg/L 时，小球藻属和栅藻属丰度均减少到 0。结果表明，向实验原水中投加浓度为 8mg/L 的 H_2O_2，对栅藻和小球藻有明显的抑制作用，这与前几章实验条件下的纯藻实验结果一致。

（3）根据实验室条件下确定的 H_2O_2 的最佳除藻浓度 8mg/L，进行实际应用中的经济概算得到：H_2O_2 用作城市内湖水体除藻剂的成本为 0.01 元/m^3。LH、XQ 和 QJ 城市内湖的预估处理成本分别为 200 元、1500 元和 5400 元。

参考文献

[1] Drábková M，Admiraal W，Maršálek B. Combined exposure to hydrogen peroxide and light selective effects on cyanobacteria, green algae, and diatoms. Environmental Science & Technology，2007，41（1）：309-314.

[2] Drábková M，Matthijs H C P，Admiraal W，et al. Selective effects of H_2O_2 on cyanobacterial photosynthesis. Photosynthetica，2007，45（3）：363-369.

[3] Matthijs H C P，Visser P M，Reeze B，et al. Selective suppression of harmful cyanobacteria in an entire lake with hydrogen peroxide. Water Research，2012，46（5）：1460-1472.

[4] Chen C，Yang Z，Kong F，et al. Growth, physiochemical and antioxidant responses of overwintering benthic cyanobacteria to hydrogen peroxide. Environmental Pollution，2016，219：649-655.

[5] 李娟，王应军，高鹏. 过氧化氢对铜绿微囊藻的损伤效应研究. 环境科学学报，2015，35（04）：1183-1189.

[6] 李鹏飞，孙昕，杨娌，等. 藻类叶绿素 a 提取的优化研究. 化工学报，2019，70（09）：3421-3429.

[7] Yao J，Chen X，Zhang M，et al. Inhibition of the photosynthetic activity of *Synedra* sp. by sonication：Performance and Mechanism. Journal of Environmental Management，2019，233：54-62.

[8] 韩志国，雷腊梅，韩博平. 利用调制荧光仪在线监测叶绿素荧光. 生态科学，2005（03）：246-249，253.

[9] 郭颖娜，孙卫. 蛋白质含量测定方法的比较. 河北化工，2008，31（4）：36-37.

[10] 刘春晓，王平，李海燕，等. DBP 对铜绿微囊藻生长和抗氧化酶的影响. 环境科学与技术，2015，38（02）：7-12.

[11] Romero A，Santos A，Cordero T，et al. Soil remediation by Fenton-like process：Phenol removal and soil organic matter modification. Chemical Engineering Journal，2011，170（1）：36-43.

[12] Zlatanovic L，van der Hoek J P，Vreeburg J H G. An experimental study on the influence of water stagnation and temperature change on water quality in a full-scale domestic drinking water system. Water Research，2017，123：761-772.

[13] Isaacson T，Damasceeno C M B，Saravanan R S，et al. Sample extraction techniques for enhanced proteomic analysis of plant tissues. Nature Protocols，2006，1（2）：769-774.

[14] Davis L C，Radke G A. Measurement of protein using flow injection analysis with bicinchoninic acid.

Analytical Biochemistry，1987，161（1）：152-156.

[15] Candiano G，Bruschi M，Musante L，et al. Blue silver：A very sensitive colloidal Coomassie G-250 staining for proteome analysis. Electrophoresis，2004，25（9）：1327-1333.

[16] Wiśniewski J R，Zougman A，Nagaraj N，et al. Universal sample preparation method for proteome analysis. Nature Methods，2009，6（5）：359-362.

[17] Xu S，Li J，Zhang X，et al. Effects of heat acclimation pretreatment on changes of membrane lipid peroxidation，antioxidant metabolites，and ultrastructure of chloroplasts in two cool-season turfgrass species under heat stress. Environmental and Experimental Botany，2006，56（3）：274-285.

[18] 杨国远，万凌琳，雷学青，等. 重金属铅、铬胁迫对斜生栅藻的生长、光合性能及抗氧化系统的影响. 环境科学学报，2014，34（06）：1606-1614.

[19] Kuanui P，Chavanich S，Viyakarn V，et al. Effect of light intensity on survival and photosynthetic efficiency of cultured corals of different ages. Estuarine，Coastal and Shelf Science，2020，235：106515.

[20] Zhou Q，Li L，Huang L，et al. Combining hydrogen peroxide addition with sunlight regulation to control algal blooms. Environmental Science and Pollution Research，2018，25（3）：2239-2247.

[21] Tripathi B N，Mehta S K，Amar A，et al. Oxidative stress in *Scenedesmus* sp. during short-and long-term exposure to Cu^{2+} and Zn^{2+}. Chemosphere，2006，62（4）：538-544.

[22] 杨洪，黄志勇. 锌胁迫对小球藻抗氧化酶和类金属硫蛋白的影响. 生态学报，2012，32（22）：7117-7123.

[23] Zhou S，Shao Y，Gao N，et al. Effects of different algaecides on the photosynthetic capacity，cell integrity and microcystin-LR release of *Microcystis aeruginosa*. Science of The Total Environment，2013，463-464：111-119.

[24] Dummermuth A L，Karsten U，Fisch K M，et al. Responses of marine macroalgae to hydrogen-peroxide stress. Journal of Experimental Marine Biology and Ecology，2003，289（1）：103-121.

[25] Liu Y，Guan Y，Gao B，et al. Antioxidant responses and degradation of two antibiotic contaminants in *Microcystis aeruginosa*. Ecotoxicology and Environmental Safety，2012，86：23-30.

[26] 荣新山，何敏，王从彦，等. 藏北退化高寒草原土壤细菌和真菌多样性分析. 生态环境学报，2018，27（09）：1646-1651.

[27] Rogers B F，Tate R L. Temporal analysis of the soil microbial community along a toposequence in Pineland soils. Soil Biology and Biochemistry，2001，33（10）：1389-1401.

[28] Chivasa S，Tomé D F A，Murphy A M，et al. Extracellular ATP. Plant Signaling & Behavior，2009，4（11）：1078-1080.

[29] 邓琴. 二氧化氯预氧化含藻水生物稳定性的变化及作用机理. 西安：西安建筑科技大学，2017.

[30] 孙秀英，苏昌永. 引滦工程沿线存在的水环境问题与治理对策. 水利水电技术，2001（08）：58-60，63.

[31] Ahn S，Peterson T D，Righter J，et al. Disinfection of ballast water with iron activated persulfate. Environmental Science & Technology，2013，47（20）：11717-11725.

[32] Krause G H. Photoinhibition of photosynthesis. An evaluation of damaging and protective mechanisms. Physiologia Plantarum, 1988, 74 (3): 566-574.

[33] 张守仁. 叶绿素荧光动力学参数的意义及讨论. 植物学通报, 1999, 04: 444-448.

[34] 周攀, 黎晓峰. 锰毒胁迫下甘蔗生长、膜脂氧化及叶绿素荧光特性. 广西农学报, 2018, 33 (02): 4-7, 11.

[35] Hong Y, Hu H Y, Xie X, et al. Responses of enzymatic antioxidants and non-enzymatic antioxidants in the cyanobacterium *Microcystis aeruginosa* to the allelochemical ethyl 2-methyl acetoacetate (EMA) isolated from reed (Phragmites communis). Journal of Plant Physiology, 2008, 165 (12): 1264-1273.

[36] Kurama E E, Fenille R C, Rosa Junior V E, et al. Mining the enzymes involved in the detoxification of reactive oxygen species (ROS) in sugarcane. Molecular Plant Pathology, 2002, 3 (4): 251-259.

[37] 姜礼燔, 朱伟. 过氧化氢在水产养殖中的应用. 内陆水产, 2006, 04: 30.

[38] 董立国, 蒋齐, 蔡进军, 等. 基于 Biolog-ECO 技术不同退耕年限苜蓿地土壤微生物功能多样性分析. 干旱区研究, 2011, 28 (04): 630-637.

[39] Chivasa S, Murphy A M, Hamilton J M, et al. Extracellular ATP is a regulator of pathogen defence in plants. The Plant Journal, 2009, 60 (3): 436-448.

[40] 李楠. 双酚 A (BPA) 对小球藻和斑马鱼的毒性效应研究. 沈阳: 辽宁大学, 2013.

[41] Ike M, Jin C S, Fujita M. Biodegradation of bisphenol A in the aquatic environment. Water Science and Technology, 2000, 42 (7-8): 31-38.

[42] Wan J, Guo P, Zhang S. Response of the cyanobacterium Microcystis flos-aquae to levofloxacin. Environmental Science and Pollution Research, 2014, 21 (5): 3858-3865.

[43] 陈正培, 熊建文, 沈方科, 等. Biolog-ECO 技术及其应用研究进展. 轻工科技, 2018, 34 (06): 97-98, 156.

[44] Hudson N, Baker A, Reynolds D. Fluorescence analysis of dissolved organic matter in natural, waste and polluted waters—a review. River Research and Applications, 2007, 23 (6): 631-649.

[45] Li L, Shao C, Lin T F, et al. Kinetics of cell inactivation, toxin release, and degradation during permanganation of *Microcystis aeruginosa*. Environmental Science & Technology, 2014, 48 (5): 2885-2892.

[46] Miao H, Tao W. The mechanisms of ozonation on cyanobacteria and its toxins removal. Separation and Purification Technology, 2009, 66 (1): 187-193.

[47] Lai W L, Yeh H H, Tseng I C, et al. Conventional versus advanced treatment for eutrophic source water. Journal American Water Works Association, 2002, 94 (12): 96-108.

第5章
硫酸铜对藻类的控制

5.1 硫酸铜对铜绿微囊藻的氧化损伤机制的研究

污染相关的水华仍然是淡水系统（如城市湖泊、水库和池塘）富营养化最严重的问题之一。水华的发生降低了水体的透明度，增加了溶解氧的消耗，溶解氧的减少会导致水生生物的死亡，以及整体水质的恶化，包括水体中的毒素和气味问题。蓝藻水华是一个社会经济问题，它们向湖泊、水库和河流中释放毒素和气味化合物，导致重大的经济和公共卫生问题。铜绿微囊藻是湖泊、水库等水体富营养化形成的主要有害藻类。针对铜绿微囊藻引发的水华应得到有效治理，本研究将对铜绿微囊藻细胞生长和光合活性进行一系列的探究。

5.1.1 实验材料

5.1.1.1 实验藻种与培养

本实验选用的藻种为蓝藻门的铜绿微囊藻（*Microcystis aeruginosa*），编号为 FACHB-912，购自中国科学院武汉水生生物研究所。铜绿微囊藻藻种培养采用 BG11 培养基，于恒温光照培养箱中培养，温度为（25 ± 1）℃，光照为 2400lx，光照周期为 12h/12h。培养两周后，按照藻液：培养基为 1:4 的比例扩大培养，以获得实验所需足够量的对数期藻液。在培养过程中，为了减少光照不均匀所造成的误差，每天定时摇晃锥形瓶 $2\sim3$ 次并随机移动位置，保证实验所用藻种光照均匀。

藻类的生长周期可分为四个阶段，即停滞期、对数期、稳定期、衰亡期。其中，对数期的细胞生长速率快，细胞活性高，对外界环境敏感，因此对数期是研究细胞活性的最佳时期。在实验开始前，首先要绘制藻细胞的生长曲线（参考图 4.1），以培养时间为横坐标，OD_{680}（藻细胞个数）为纵坐标。藻细胞密度与 OD_{680} 存在显著的线性相关关系，因此可以 OD_{680} 表征藻细胞密度。为保证实验中各处理组初始藻细胞密度一致，可借助紫外分光光度计（日本岛津）和尼康50i 显微镜建立一条"吸光度值（680）-藻细胞个数"标准曲线。首先，取一定量的对数期的铜绿微囊藻，分别稀释 0 倍、2 倍、4 倍、5 倍、8 倍、10 倍、20 倍。不同稀释倍数的藻液分别进行 OD_{680} 的测定与藻细胞的计数，通过数据处理后得到"吸光度值（680）-藻细胞个数"的标准曲线，$Y=16.454X+0.2776$ $(R^2=0.9964)$ $(Y，10^6$ 个/L$)$。

5.1.1.2　实验设计

为了研究不同浓度 $CuSO_4$ 对铜绿微囊藻细胞生长和光合活性的调控，$CuSO_4$ 浓度的确定具有重要意义。本实验研究 $CuSO_4$ 的浓度设置为 0mg/L（对照组）、0.2mg/L、0.5mg/L。实验在 500mL 锥形瓶中进行，根据"吸光度值（680）-藻细胞个数"标准曲线，取对数期的母藻液加入 500mL 锥形瓶，使得初始藻密度为 1.0×10^6 个/mL，随后将不同体积的 $CuSO_4$ 加入锥形瓶中，以达到实验设定浓度。对照组和实验组均设 3 组平行，于光照培养箱中进行培养，在 0h、24h、48h、72h 取样进行藻细胞密度、叶绿素 a、叶绿素荧光参数、抗氧化酶（SOD、CAT）、ATP、剩余 Cu^{2+} 浓度、K^+ 的释放、碳源代谢活性（Biolog）、胞内有机物（IOM）和胞外有机物（EOM）的测定，以评估 $CuSO_4$ 对铜绿微囊藻细胞生长和光合活性的影响。

5.1.1.3　主要试剂

取五水硫酸铜化合物（copper sulfate pentahydrate），在实验开始前的一小时内，使用纯水配制 1000mg/L 的硫酸铜原液备用。实验开始前稀释到所需要的浓度（0mg/L、0.2mg/L、0.5mg/L）。

5.1.2　测定与分析方法

5.1.2.1　藻细胞计数

藻细胞浓度采用 SR-藻类计数框计数。用移液枪吸取 $100\mu L$ 藻液，注入清洁干燥的藻类计数框，加盖玻片盖住网格，操作过程中要避免产生气泡，待藻液充分浸润计数框后静置 3～5min，然后置于尼康 50i 显微镜下观察计数。每个样品计数 3 次，取平均值。

5.1.2.2　叶绿素 a 含量的测定

叶绿素 a 含量的测定采用乙醇萃取分光光度法。取 20mL 藻液用 $0.45\mu m$ 的微孔滤膜进行抽滤处理并保留滤膜，抽滤过程中真空泵的压力应保持在 0.05MPa 以内（若压力过大，会使滤膜破裂，藻细胞流失）。然后将滤膜剪碎于 50mL 的离心管中（滤膜破碎程度应适中），加入 10mL 的无水乙醇将滤膜充分浸润并保持后续的操作进行避光处理（锡箔纸包裹离心管外部并置于黑暗中），置于超声波清洗器中进行超声处理（功率 100%，30min），然后将样品进行离心操作 2 次（转速 10000r/min，温度 4℃，时间 10min），取离心后的上清液在波长 630nm、645nm、663nm、750nm 处测定吸光度，代入叶绿素 a 含量的计算公式(5.1) 进行计算。

$$c=\frac{[11.64\times(\mathrm{OD}_{663}-\mathrm{OD}_{750})-2.16\times(\mathrm{OD}_{645}-\mathrm{OD}_{750})+0.10\times(\mathrm{OD}_{630}-\mathrm{OD}_{750})]\times V_1}{V\delta}$$

$$(5.1)$$

式中　c——叶绿素 a 含量，$\mu g/L$；

　　　V_1——提取液体积（10mL），mL；

　　　V——藻液体积，L；

　　　δ——比色皿光程（1cm），cm。

5.1.2.3　叶绿素荧光参数的测定

叶绿素荧光参数的测定采用调制荧光叶绿素成像系统（Imaging Pam，德国 WALZ）。取藻液于 1.5mL 离心管并进行暗适应 10～15min 后测定荧光参数 F_v/F_m（潜在最大光合活性）、Y_{II}（光系统 PSⅡ的有效量子产量）、q_P（光化学荧光猝灭系数）和 ETR（电子传递速率）。F_v/F_m 是藻类光合作用时 PSⅡ的最大量子产量，它反映了藻类的潜在最大光合能力，当 F_v/F_m 下降时，代表藻类受到胁迫。Y_{II} 是藻类在任一光照状态下 PSII 的实际量子产量，它反映了藻类当前的实际光合效率。q_P 是藻类光合作用引起的荧光猝灭，称之为光化学猝灭，它反映了藻类光合活性的高低。ETR 是藻类 PSII 的相对电子传递效率。

5.1.2.4 抗氧化酶活性的测定

抗氧化酶［超氧化物歧化酶（SOD）和过氧化氢酶（CAT）］活性的测定采用南京建成生物工程研究所提供的 T-SOD 试剂盒（货号：A001-1 羟胺法）和 CAT 试剂盒（货号：A007-1-1 钼酸铵法）。超氧化物歧化酶对藻类细胞的氧化与抗氧化平衡起着至关重要的作用，它能清除超氧阴离子自由基（$O_2^-\cdot$），保护细胞免受损伤。

（1）粗酶液的提取　取 50mL 藻液加入经灭菌的离心管中，在离心机上离心 15min（转速设置为 4500r/min，温度为 4℃），之后弃掉上清液，再向剩余藻液中加入 5mL 0.01mol/L pH 值为 7.4 的磷酸盐缓冲溶液（PBS），再次重复离心，最后收集藻细胞。然后将藻细胞超声破碎 30min 后继续离心 15min，此时转速设置为 12000r/min，取上清液置于 4℃冰箱中保存，用以测定酶活性。

（2）蛋白质含量的测定　蛋白质含量的测定采用考马斯亮蓝法。取 7 支试管，分别编号 0（空白对照）、1、2、3、4、5、6，分别加入浓度为 0.1mg/L 的标准蛋白 0mL、0.1mL、0.2mL、0.4mL、0.6mL、0.8mL、1.0mL，然后加入超纯水定容至 1mL，依次加入 5mL 考马斯亮蓝 G-250 溶液，充分混匀，放置 5min 后在波长 595nm 处以 0 号管调零，测定各管的吸光度值。以标准蛋白浓度（mg/mL）为横坐标，OD_{595} 为纵坐标，进行直线拟合，得到标准曲线。根据测得的未知的藻细胞的 OD_{595}，代入公式中可求得藻细胞的蛋白质含量。

（3）SOD 酶活性的测定　采用黄嘌呤氧化酶法测定超氧化物歧化酶。

通过式（5.2）计算得出待测样品的 SOD 活性。

$$总 SOD 活性(U/mg 蛋白质)=\dfrac{\dfrac{对照\,OD\,值-测定\,OD\,值}{对照\,OD\,值}\div 50\%\times\dfrac{反应液总体积(mL)}{取样量(mL)}}{相同匀浆下的蛋白质含量(mg/mL)}$$

(5.2)

（4）CAT 酶活性的测定　测定原理：过氧化氢酶分解过氧化氢（H_2O_2）产生 O_2 和 H_2O，反应可以通过加入钼酸铵而终止，剩余的 H_2O_2 和钼酸铵反应会生成一种淡黄色络合物，在 405nm 处测定其变化量，通过式（5.3）即可求得 CAT 活性。

$$CAT 活性(U/mg 蛋白质)=\dfrac{\dfrac{(对照 OD 值-测定 OD 值)\times 271}{60\times 取样量}\div 50\%}{待测样品蛋白质浓度(mg/mL)} \quad (5.3)$$

5.1.2.5　ATP 含量的测定

ATP 含量的测定采用生物化学发光法。ATP 是活细胞新陈代谢的关键指标，微生物以 ATP 为能源，荧光素酶催化荧光素氧化发光，可利用生物化学发光仪（Glomax，Turner Biosystems）进行 ATP 测定。所采用的试剂为 Bac Titer-Glo™ 试剂（Promega，G8231）。测定前，将 Bac Titer-Glo™ 底物冻干粉和缓冲液进行混合，即配制成 ATP 试剂，用锡箔纸包裹避光放置于 -20℃ 冰箱中备用。将 ATP 标准液稀释成不同浓度，测定不同浓度 ATP 的发光强度，以 lg ATP 浓度为横坐标，lg 发光强度为纵坐标，进行直线拟合，得到标准曲线。测定时，取一定量样品置于 38℃ 金属浴中预热 10min，ATP 试剂预热 20s，然后取 0.5mL 样品加入 50μL ATP 试剂混合并继续加热 20s，加热后立即将样品放入生物化学发光仪进行发光强度的测定，最后将发光强度代入到公式中计算得到 ATP 的含量。总 ATP 包含胞内 ATP 和胞外 ATP，测定胞外 ATP，需要将样品过 0.1μm 微孔滤膜，然后进行后续测定。

5.1.2.6　剩余铜含量的测定

利用电感耦合等离子体质谱法（ICP-MS）测定剩余铜的浓度。取 10mL 样品经 0.22μm 微孔滤膜过滤后用硝酸酸化至 pH<2，分析前用消化装置消化 2h。

5.1.2.7　K⁺ 释放的测定

测定铜绿微囊藻细胞 K^+ 释放的实验中，用 0.22μm 微孔滤膜过滤器过滤 10mL 样品，并用浓硝酸进行酸化处理。然后，滤液中的 K^+ 用电感耦合等离子质谱法进行定量测定。在对照组中，将装有藻细胞的试管在沸水中加热 10min，藻细胞发生破裂，然后测定藻细胞中最大 K^+ 浓度。

5.1.2.8　碳源代谢活性分析

藻细胞的碳源代谢活性利用 Biolog-ECO 微平板测定。Biolog-ECO 微平板基于微生物代谢产生的酶与四唑类物质之间的显色反应引起的浑浊度差异，检测微生物的代谢特征，揭示了多种碳源下微生物的代谢差异。Biolog-ECO 微平板包含 96 个微孔，共分为 3 组平行，其中每 32 个孔为一组。每组由一个空白对照孔和 31 种不同的碳源孔组成。采样孔平均颜色变化率（AWCD）间接反映了微生物的代谢活性。采样孔平均颜色变化率（AWCD）的计算公式为：

$$AWCD = \sum (C_i - R)/n \tag{5.4}$$

式中　C_i，R——分别代表 590nm 处不同碳源孔和空白对照孔的吸光度值；

　　　　n——孔数（$n=31$）。

当 C_i 和 R 值小于 0 时，则记为 0。

测定前，将 ECO 微平板置于超净工作台，放置于室温。取藻液 20mL 置于已灭菌的 V 形加液槽中，用 8 排电子移液枪吸取 150μL 藻液加入 ECO 微平板中，然后将 ECO 微平板置于灭菌且保持湿润（防止水分蒸发）的聚乙烯盒中，放置在 30℃的恒温培养箱中连续培养 240h。操作过程中保持微平板不倾斜，防止液体洒出。每隔 24h 使用自动微生物鉴定系统（Biolog）进行测定。

5.1.2.9　藻细胞有机物的测定

藻类胞外有机物（EOM）和胞内有机物（IOM）采用 F-7000 荧光分光光度计（日本）进行测定。测定前，需要进行藻细胞有机物的分离。取 50mL 藻液置于离心机离心 30min（10000r/min，4℃），取上清液过 0.45μm 的微孔滤膜后得到 EOM。向剩余的藻细胞溶液中加入一定量的超纯水进行洗涤，然后继续离心操作，重复洗涤和离心 3 次后弃掉上清液，剩余的藻细胞进行反复冻融（温度比：-20℃：37℃；时间比：30min：5min），重复 3 次后于室温下释放 1h，继续离心，取上清液过 0.45μm 的微孔滤膜后得到 IOM。将得到的 EOM、IOM 置于三维荧光分光光度计中以测定样品中荧光物质的变化。

5.1.3　数据分析

采用 Excel 和 Sigma Plot 对原始数据进行处理。利用 R 软件建立热图。利用 Cytoscape 软件创建共生网络（$p<0.05$，$|r|>0.6$）。

5.1.4　结果与讨论

5.1.4.1　硫酸铜对铜绿微囊藻细胞生长的影响

加入不同浓度的 $CuSO_4$ 后铜绿微囊藻的生长情况见图 5.1(a)。对照组的藻细胞密度在培养的 24h、48h、72h 逐渐增加，藻细胞密度从最初的 100×10^4 个/mL 增加到 197.48×10^4 个/mL。对比之下，处理组的藻细胞密度在培养不同时间后呈下降趋势，在 0.2mg/L $CuSO_4$ 处理 72h 后藻细胞密度从 100×10^4 个/mL 下降到 79.11×10^4 个/mL。而变化更为明显的是 0.5mg/L $CuSO_4$ 处理组，在 72h 后藻细胞密度为 66.09×10^4 个/mL。结果表明，$CuSO_4$ 能抑制铜绿微囊藻的生长，且浓度越大，抑制效果越显著。而此前的研究表明，以 $0.01\sim100\mu g/L$ 的 Cu^{2+} 处理 16 天后，铜绿微囊藻的生长情况良好，表现出促进作用，与初始的藻细胞密度相比，均呈现不同程度增长，且当 Cu^{2+} 浓度为 $1\mu g/L$ 和 $10\mu g/L$ 时藻细胞密度达到最大。而本研究的 Cu^{2+} 浓度为 0.08mg/L（0.2mg/L $CuSO_4$）和 0.2mg/L（0.5mg/L $CuSO_4$）。由此可见，当 Cu^{2+} 处于较低浓度（在一定范围内）时，可以促进铜绿微囊藻的生长，而当浓度超过一定值时，对铜绿微囊藻的生长起抑制作用。与本研究结果一致，Tsai 等的研究表明，当 Cu^{2+} 浓度达到 0.08mg/L 时，铜绿微囊藻的细胞密度与初始藻细胞密度相比呈下降趋势，对铜绿微囊藻的生长起显著的抑制作用，而当 Cu^{2+} 浓度为 0.04mg/L 时，铜绿微囊藻的细胞密度与初始藻细胞密度相比呈增长趋势，与对照组相比，藻细胞密度增

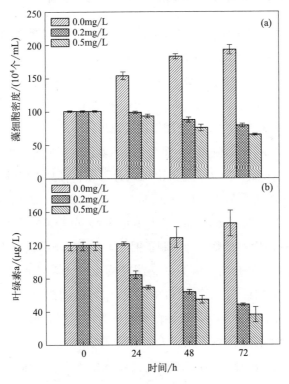

图 5.1　藻细胞密度（a）和叶绿素 a（b）的变化特征

长较为缓慢，可见随着 Cu^{2+} 的增加，其对铜绿微囊藻的抑制作用逐渐显著。同样，Qian 等的研究同样印证了这一结果，当 $CuSO_4$ 浓度达到 0.08mg/L 时，$CuSO_4$ 对铜绿微囊藻细胞密度的抑制率随着浓度的增加而增加；而当 $CuSO_4$ 浓度为 0.016mg/L 时，$CuSO_4$ 对铜绿微囊藻细胞密度的抑制率为 0，或呈正向促进作用。Xu 等也揭示了 $CuSO_4$ 浓度（0.5～1.5mg Cu^{2+}/L）对铜绿微囊藻的生长起抑制作用。

加入不同浓度的 $CuSO_4$ 后铜绿微囊藻的叶绿素 a 含量的变化见图 5.1(b)。叶绿素 a 有助于铜绿微囊藻细胞呈现绿色，并可在 PSⅠ 和 PSⅡ 中作为辅助捕光色素，传递介质能量。从图 5.1(b) 中可以看出，不同浓度硫酸铜作用下叶绿素 a 含量的演变规律与藻细胞密度的变化相似。就叶绿素 a 含量的变化而言，Qian 等的研究表明，叶绿素 a 含量随着 $CuSO_4$ 浓度的增加而降低，0.08mg/L $CuSO_4$ 处理 96h 后，铜绿微囊藻的叶绿素 a 含量仅为对照组的 7.3%。值得关注的是，Zhou 等的研究表明，在 0.08mg/L $CuSO_4$ 处理 4h 内叶绿素 a 含量略有增加，而后逐渐下降，这种现象归因于外源胁迫对叶绿素 a 积累的影响。

5.1.4.2 硫酸铜对铜绿微囊藻细胞光合活性的影响

光合作用是藻类最重要的代谢活动之一。叶绿素在初级光合作用的各个方面都起着关键作用，包括光能采集、能量传递和光能转换。叶绿素荧光参数能够反映不同胁迫条件下光合作用的变化。如图 5.2 所示，对照组的 F_v/F_m 在处理 24h 时降低而后又逐渐增加，而处理组的 F_v/F_m 随着 $CuSO_4$ 浓度的增加而降低。$Y_{Ⅱ}$ 和 ETR 呈现出相同的变化情况，对照组则呈现出缓慢的递增。0.2mg/L $CuSO_4$ 处理组在 48h 后 $Y_{Ⅱ}$ 和 ETR 的值为 0，而在 72h 后其值有所回升；而 0.5mg/L $CuSO_4$ 处理组的数值在 24h 后一直为 0，未出现回升现象。可见，$CuSO_4$ 浓度越大，对 $Y_{Ⅱ}$ 和 ETR 的抑制作用越显著，而 0.2mg/L $CuSO_4$ 的抑制作用表现出短暂抑制。对于 q_P 来说，加入不同浓度的 $CuSO_4$ 后其值为 0。分析可知，不同浓度的 $CuSO_4$ 对叶绿素荧光参数的影响显著，均抑制了铜绿微囊藻细胞的光合活性。

本研究采用 4 个关键光合参数对铜绿微囊藻的光合活性进行评价。结果表明，在 72h 的培养条件下，不同浓度的 $CuSO_4$ 均能抑制 PSⅡ 的最大量子产量、实际量子产量、电子传递效率。铜绿微囊藻作为一种自养物种，其能量的转化严重依赖于其光合系统，而 PSⅡ 在光合系统中起着捕获和转化能量的关键作用。PAM 分析仪能够准确地监测活铜绿微囊藻细胞的光合作用能力，从而允许直接探索 $CuSO_4$ 对藻细胞光合活性的抑制机制。Zhou 等的研究结果表明，不同浓度

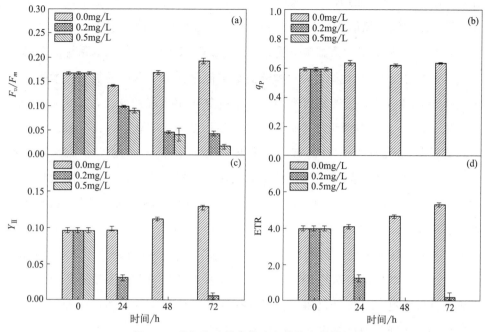

图 5.2　藻细胞叶绿素荧光参数的变化特征

的 $CuSO_4$ 显著抑制了铜绿微囊藻细胞的叶绿素荧光参数；通过限制光合作用中的能量捕获，阻断初级反应中的电子传递链，不同浓度的 $CuSO_4$ 均不同程度地抑制了光合能力。目前对藻细胞光合参数的研究中也涉及了其他类型的胁迫。如红霉素对藻细胞光合系统具有影响，结果低浓度的红霉素对藻细胞光合作用有促进作用。也有研究探讨了 $CuSO_4$ 胁迫对藻细胞光合作用相关基因（*psaB*，*psbD1* 和 *rbcL*）的调节，$CuSO_4$ 在暴露 96h 后抑制 *psaB* 和 *psbD1* 的转录。光合作用过程中，光能量被捕获并用于合成糖类，同时产生氧气，消耗二氧化碳。因此，光合相关基因转录的减少会阻断电子传递，降低还原当量产量，这是碳同化过程所必需的。分析可见，硫酸铜对光合活性的抑制源于光合作用相关基因的转录被抑制。

5.1.4.3　硫酸铜对铜绿微囊藻细胞抗氧化防御体系的影响

藻类细胞中活性氧（ROS）的产生多发生在不利的环境条件下，如暴露于过量的辐照和异常的温度。如果 ROS 的积累超过了细胞清除它们的能力，就会导致氧化应激。SOD 可将超氧自由基转化为 H_2O_2，CAT 可将其清除。藻细胞的抗氧化防御系统可以通过促进 SOD、CAT 等抗氧化酶的生成来清除 ROS，使其在氧化应激下存活。藻类细胞的抗氧化防御系统在正常情况下可以有效地消除各种代谢过程中产生的 ROS。SOD 作为一种抗氧化酶，是藻细胞中抗氧化酶系统的第一道防线。该酶能够通过与 $O_2^- \cdot$ 发生歧化反应消除多余的 $O_2^- \cdot$ 产生 O_2 和 H_2O_2，从而保护藻细胞免受氧化损伤。CAT 作为抗氧化酶系统的第二道防线，主要参与 ROS 代谢，可反映藻类细胞催化分解 H_2O_2 的能力。本研究通过检测 SOD 和 CAT 活性来研究藻细胞中抗氧化酶系统的变化，结果如图 5.3 (a) 和 (b) 所示。对照组的 SOD 和 CAT 活性基本无变化，保持一致。而处理组的酶活性在处理 24h 内都有不同程度的增加，而后又逐渐降低，且随着 $CuSO_4$ 浓度的增加，酶始终保持较高的活性。分析可知，藻细胞在刚受到胁迫的一段时间内，抗氧化酶活性较高，而在胁迫持续存在的后续时间内，抗氧化酶活性有所下降。结果表明，在 $CuSO_4$ 的胁迫下 SOD 并没有完全去除多余的 ROS，导致藻细胞氧化应激和抗氧化系统崩溃。以前的研究报道称，在 $CuSO_4$ 的胁迫下铜绿微囊藻细胞的 ROS 逐渐积累增多，使抗氧化酶系统不堪重负。在其他的外源胁迫下，抗氧化酶系统也同样存在类似现象。例如，在 H_2O_2 胁迫下，底栖蓝藻细胞中抗氧化酶含量也同样增加。

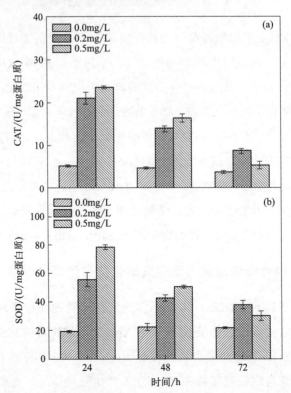

图 5.3 藻细胞 CAT 活性（a）和 SOD 活性（b）的变化特征

5.1.4.4　铜绿微囊藻细胞 ATP 的变化特征

ATP 是由光合磷酸化和氧化磷酸化产生的。除了是细胞中最活跃的能量形式外，它还可以作为一些酶的辅助因子。Hammes 等报道称，细胞中 10% 的酶依赖于 ATP 或 ADP。因此，无论是从物质代谢还是能量代谢的角度来看，ATP 水平都是一个重要的生理指标。因此，对铜绿微囊藻细胞中 ATP 含量的研究可以为这一代谢产物丰度与光合和其他生理节律之间的可能联系提供信息。细胞总 ATP 含量分析结果显示，无外源胁迫的对照组藻细胞的总 ATP 含量随着细胞的生长而稳定上升，而在 $CuSO_4$ 的胁迫下，总 ATP 含量出现下降且随着其浓度的增加而降低，0.5mg/L $CuSO_4$ 处理下的藻细胞的总 ATP 含量低于 0.2mg/L $CuSO_4$ 处理组 [图 5.4(a)]。同样，藻细胞内的 ATP 含量也出现相同的规律 [图 5.4(b)]。这表明，在一定的胁迫下，可能是由于 ATP 产生的减少和 ATP 消耗的增加，使得藻细胞 ATP 含量立即急剧下降。光合作用是植物和藻类将二氧化碳和水转化为糖和氧气的过程，它主导着植物细胞和藻类细胞的新陈代谢。因此，许多其他的生理和代谢活动都与光合作用的节奏同步。结果表明，铜绿微囊藻细胞

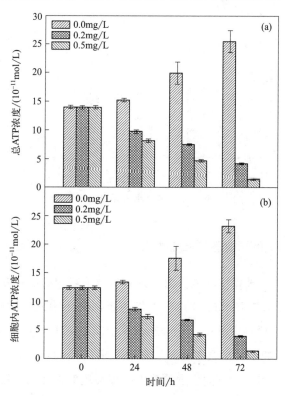

图 5.4　藻细胞总 ATP 含量（a）和细胞内 ATP 含量（b）的变化特征

ATP 含量的变化与光合作用相关参数的变化一致。细胞内 ATP 含量的波动通常会引起代谢活性的显著变化，铜绿微囊藻细胞内 ATP 含量随胁迫增加而降低。

5.1.4.5　剩余铜含量的分析

本研究表明，$CuSO_4$ 可作为一种杀藻剂，抑制铜绿微囊藻细胞的生长，为今后防治湖泊或水库蓝藻暴发提供了可能。然而铜是一种在沉积物中积累的重金属，由于其持久性和复杂的毒性，不适合在天然湖泊中使用。文献也指出，铜可能导致鱼类死亡，尽管还不清楚这是由铜中毒或氧气消耗造成的。因此，世界卫生组织规定用于湖泊或水库的铜用量应小于 2.0mg/L。如图 5.5 所示，基于对剩余铜浓度的测定，在 72h 后，铜含量有不同程度的下降。实验结束时，剩余的铜浓度仅为初始铜浓度的 8%（0.2mg/L $CuSO_4$）和 22%（0.5mg/L $CuSO_4$）。本研究所使用的铜含量远远小于世界卫生组织所界定的值，且在经过 72h 应用后铜含量都有所下降，因此对水体中其他微生物的危害较小。

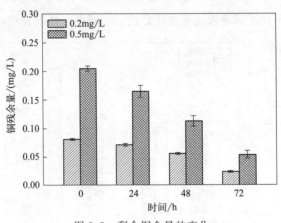

图 5.5　剩余铜含量的变化

5.1.4.6　铜绿微囊藻细胞碳代谢特征

Biolog 技术是一种评估环境压力对微生物群落影响的潜在方法。本研究利用含有 31 种不同碳源的 Biolog 微孔板采集的碳源利用模式，比较了不同 $CuSO_4$ 浓度下藻类细胞的活性。0mg/L、0.2mg/L、0.5mg/L $CuSO_4$ 胁迫下，铜绿微囊藻的 $AWCD_{590}$ 的结果见图 5.6(a)。随着培养时间的延长，3 种状态的藻细胞的碳源利用能力均增加。不同程度胁迫下的藻细胞对碳源的利用主要发生在培养后 24～144h。$AWCD_{590}$ 分析结果表明，藻细胞的碳源代谢活性的强弱顺序为对

照组＞0.2mg/L 处理组＞0.5mg/L 处理组。同样，藻细胞对六种不同类型碳源
的利用能力见图 5.6(b)。对照组的藻细胞对于酯类（esters）、胺类（amines）、
羧酸类（carbaoxylic acids）物质的利用均多于处理组，而对于糖类（carbohy-
drates）的利用少于处理组。0.2mg/L CuSO$_4$ 处理下藻细胞对氨基酸类（amino
acids）、胺类、酯类和羧酸类物质的利用均高于 0.5mg/L CuSO$_4$ 处理下的藻细
胞。分析可知，在硫酸铜的胁迫下，藻细胞对不同类型碳源的利用存在差异，且
对部分碳源的利用能力随着硫酸铜浓度的增加而降低。通过分析藻细胞对不同类
型碳源的利用差异可知，硫酸铜改变了藻细胞的生理活性，使得不同状态下的藻
细胞对碳源的利用能力存在较大差异。

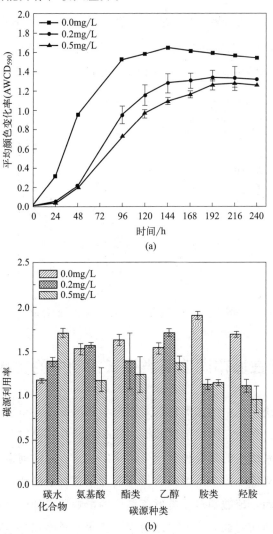

图 5.6　硫酸铜胁迫下藻细胞的 AWCD$_{590}$（a）和碳源利用能力（b）

综上所述，$CuSO_4$ 对铜绿微囊藻的胁迫越强，藻细胞的碳源代谢活性越弱。这主要是因为在 $CuSO_4$ 胁迫下，藻细胞受到不同程度的损伤，使得藻细胞光合作用受抑制，从而其代谢能力被抑制。不同状态下的藻细胞可能具有不同的碳代谢功能。

5.1.4.7 细胞内 K^+ 的释放

钾（K）是铜绿微囊藻细胞膜中的关键元素。钾离子的释放是对细胞膜损伤的一种反应，是多种生物普遍存在的现象。细胞释放的 K^+ 水平可能与膜的损伤程度有关，因此可以间接指示细胞膜的完整性程度。不同浓度的 $CuSO_4$ 胁迫对藻细胞 K^+ 释放的影响如图 5.7 所示。K^+ 的释放随着胁迫时间的延长和 $CuSO_4$ 浓度的增加而增加。值得注意的是，$CuSO_4$ 胁迫 72h 后 K^+ 的最大释放量为 78.96%，而对照组藻细胞在培养过程 K^+ 释放量基本维持在 20%。可见，在 $CuSO_4$ 胁迫下，铜绿微囊藻细胞膜受到了一定的损伤。

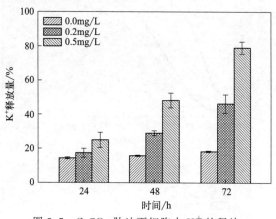

图 5.7 $CuSO_4$ 胁迫下细胞内 K^+ 的释放

5.2 硫酸铜在城市湖泊藻类生长控制中的实际应用

水生生态系统水体中的藻类种群对整个生物群落至关重要，因为它们发挥着重要的生态功能。然而，除藻剂硫酸铜（$CuSO_4$）在控藻过程中残留于水体中的铜，会对水生态系统中的藻类种群产生严重影响。有限的前期研究表明，添加硫酸铜后可以显著降低水体中的细菌含量，改变细菌群落的代谢特征，并改变微生物群落结构。然而，硫酸铜对藻类群落结构的影响研究却鲜见报道。因此，本研究探究了位于陕西西安的 6 个城市湖泊水体原水经硫酸铜处理后的藻类群落结构的变化情况，以为硫酸铜在城市湖泊藻类生长控制中的实际应用提供思路。

5.2.1　研究样点概况

为了探究 $CuSO_4$ 在城市湖泊实际的控藻情况，本研究选取了西安市 6 个城市湖泊作为研究样点，分别取水样并投加 $CuSO_4$。6 个城市湖泊分别为兴庆公园（XQ）、长乐公园（CL）、丰庆公园（FQ）、曲江池（QJ）、护城河（HUCH）和汉城湖（HACH），湖泊的详细信息见表 5.1。6 个城市湖泊的水样采集于 2020 年 9 月。在每个城市湖泊随机选取 3 个采样点，使用无菌聚丙烯容器收集地表水样本（0.5~1.0m）各 1.5L。所有样品置于冷却器中，并转移到环境微生物技术研究室。

表 5.1　6 个湖泊的概况

城市湖泊	纬度	经度	水容量/$10^4 m^3$	建造年份/年
兴庆公园（XQ）	$34°15'32''$	$108°59'17''$	20	1958
长乐公园（CL）	$34°16'05''$	$109°00'24''$	3	1956
丰庆公园（FQ）	$34°15'15''$	$108°54'18''$	7.5	2002
曲江池（QJ）	$34°12'17''$	$108°59'40''$	54	2008
护城河（HUCH）	$34°15'30''$	$108°57'42''$	40	1949
汉城湖（HACH）	$34°18'18''$	$108°55'01''$	113	1971

5.2.2　实验设计

取 300mL 湖泊原水水样置于 500mL 锥形瓶中，分别投加 0.0mg/L、0.2mg/L、0.5mg/L 的 $CuSO_4$，充分混匀后于室温下培养，保持光照充足，分别于 0h、24h、48h 和 72h 取样测定剩余的铜浓度，在 72h 时取样进行藻细胞密度及藻类溶解性有机物（EOM 和 IOM）的测定，并进行藻类鉴定。每天定时摇晃 3 次，防止藻细胞贴壁生长。实验开始前，测定各城市湖泊水体的水质，见表 5.2。

表 5.2　城市湖泊水质参数

城市湖泊	pH 值	TN/(mg/L)	NO_3^--N /(mg/L)	NO_2^--N /(mg/L)	NH_4^+-N /(mg/L)	TP/(mg/L)	COD_{Mn} /(mg/L)
兴庆公园（XQ）	7.58 ± 0.11	7.04 ± 0.22	5.79 ± 0.19	0.47 ± 0.04	0.57 ± 0.01	0.98 ± 0.04	6.02 ± 0.19
长乐公园（CL）	6.89 ± 0.04	3.48 ± 0.24	2.69 ± 0.19	0.06 ± 0.02	0.54 ± 0.06	0.85 ± 0.12	4.34 ± 0.22
丰庆公园（FQ）	7.48 ± 0.02	2.97 ± 0.11	1.89 ± 0.08	0.32 ± 0.06	0.61 ± 0.21	0.92 ± 0.21	5.73 ± 0.17

续表

城市湖泊	pH 值	TN/(mg/L)	$NO_3^- $-N /(mg/L)	NO_2^--N /(mg/L)	NH_4^+-N /(mg/L)	TP/(mg/L)	COD_{Mn} /(mg/L)
曲江池(QJ)	8.13±0.06	2.87±0.03	1.78±0.11	0.38±0.09	0.43±0.03	0.54±0.06	3.19±0.08
护城河 (HUCH)	7.27±0.27	5.02±0.15	4.09±0.04	0.56±0.12	0.33±0.06	0.96±0.16	4.49±0.03
汉城湖 (HACH)	7.04±0.22	3.17±0.10	2.41±0.04	0.36±0.12	0.44±0.02	0.77±0.09	4.41±0.08

5.2.3 实验分析方法

（1）水质分析　测定方法参考第 2 章 2.2.2（2）。

（2）藻类计数及鉴定　测定方法参考第 2 章 2.2.2（3）。

（3）藻类溶解性有机物的测定　取 100mL 铜绿微囊藻溶液，在 4℃、10000r/min 转速下离心 30min，用 0.45μm 滤膜过滤上清液，得到胞外有机物。接着用 0.8% 的 NaCl 溶液将剩余的藻细胞在 10000r/min、4℃ 条件下离心 10min，洗涤两遍，倒掉 NaCl 溶液，得到洗去 EOM 的藻细胞。将洗涤后的藻细胞溶于 10mL 超纯水中，冻融 3 次。用一定量的超纯水重新溶解这些冻融后的藻细胞，在 9600r/min、4℃ 条件下离心 10min 取上清液，经过 0.45μm 无菌滤膜过滤后，得到 IOM 储备液。

（4）剩余铜含量的测定　利用电感耦合等离子体光学发射光谱仪（ICP-MS）测定剩余铜的浓度。取 10mL 样品经 0.22μm 微孔滤膜过滤后用硝酸酸化至 pH<2，分析前用消化装置消化 2h。

5.2.4 结果与讨论

5.2.4.1 不同城市湖泊藻密度的抑制分析

硫酸铜（$CuSO_4$）一直被用于控制湖泊和池塘中有害藻类、植物以及其他有害物种（如吸虫）的生长。硫酸铜的添加是为了减少增加的营养负荷的影响，并通过去除有毒的藻类来提高饮用水和娱乐用水的水质。在本研究中，添加 $CuSO_4$ 对减少藻类数量是有效的。不同城市湖泊原水的实验结果表明，藻细胞数量的变化与早期实验室铜绿微囊藻的结果相似（表 5.3）。72h 后，各个城市湖泊对照组的藻细胞数目均增加，去除率呈现负值，而在加入 $CuSO_4$ 后，各个城市湖泊藻细胞的数量有不同程度的衰减，去除率为正值。对于 XQ 湖来说，在 0.2mg/L $CuSO_4$ 的胁迫下藻细胞数目从最初的 566×10^4 个/L 变化到 368×10^4 个/L，藻类去除率为 35%；在 0.5mg/L $CuSO_4$ 的胁迫下，藻细胞数目从最初的 566×10^4 个/L 变化到 346×10^4 个/L，藻类去除率为 39%。CL 湖的藻类去除率小于 XQ 湖，0.2mg/L、0.5mg/L $CuSO_4$ 胁迫下藻类去除率分别为 15% 和 19%。FQ 湖的藻类去除率分别为 7%（0.2mg/L $CuSO_4$）和 8%（0.5mg/L $CuSO_4$）。QJ 的藻类去除率分别为 28% 和 42%，HACH 的藻类去除率分别为 14% 和 29%。在 6 个湖泊中，HUCH 的藻类去除率最低，在 0.2mg/L $CuSO_4$ 的胁迫下藻类数目无明显变化，去除率为 0%；在 0.5mg/L $CuSO_4$ 的胁迫下藻类去除率仅为 3%。分析可知，不同浓度的 $CuSO_4$ 对藻类的去除率不同，$CuSO_4$ 浓度越大，去除率越大，且各个城市湖泊的藻类去除率也各有差异。

单次添加 $CuSO_4$ 不会对藻类丰度的永久减少产生影响，需要反复添加 $CuSO_4$ 来控制藻类的数量。例如，在溶液中，$CuSO_4$ 溶解成 Cu^{2+} 和 SO_4^{2-}，决定毒性的是 Cu^{2+} 的活性，而不是总的铜浓度。此外，铜的活性会受到络合作用的影响，特别是与溶解性有机碳（DOC）的络合作用。最终，铜从水体中沉淀出来或吸附到悬浮物上，并在底层沉积物中积累。当在一段有限的时间内添加硫酸铜时（例如，控制夏季游泳的水质），藻类群落可以在添加停止后恢复。据观察，藻类重新生长的恢复时间在几天到几个月之间。有趣的是，恢复可能通过底层沉积物的再悬浮而得到加强，这些沉积物可以提供作为营养物质的 PO_4^{3-} 和 Cu^{2+}（微量水平）。

表 5.3　不同浓度 $CuSO_4$ 胁迫 72h 后不同城市湖泊藻细胞数量的去除率

城市湖泊	0mg/L		0.2mg/L		0.5mg/L	
	藻细胞数目 /(10^4 个/L)	去除率/%	藻细胞数目 /(10^4 个/L)	去除率/%	藻细胞数目 /(10^4 个/L)	去除率/%
XQ	684	−21	368	35	346	39
CL	1376	−21	959	15	914	19
FQ	1368	−6	1207	7	1191	8
QJ	454	−52	214	28	172	42
HUCH	1029	−6	971	0	950	3
HACH	224	−41	137	14	112	29

5.2.4.2　藻类种群结构的变化特征

虽然添加 $CuSO_4$ 可以有效地减少藻类数量，但研究表明，添加 $CuSO_4$ 会对水生态系统的生物和非生物结构造成实质性的影响。例如，Hanson 和 Stefan 报道称，长期（58 年）添加 $CuSO_4$ 改变了磷的回收利用，改变了藻类物种的分布。硫酸铜对藻类群落结构的影响在很大程度上是未知的。为了研究投加硫酸铜除藻剂后的湖泊藻类群落结构的变化，本研究对投加硫酸铜除藻剂后的 6 个城市湖泊的水体藻类群落结构进行了分析。

本研究从城市湖泊中鉴定出了 6 种藻类，分别属于蓝藻门、硅藻门、绿藻门、甲藻门、裸藻门和金藻门（图 5.8）。不同城市湖泊的藻类种群结构有显著差异，且在硫酸铜胁迫 72h 后藻类种群结构的变化也呈现差异性。XQ、FQ、QJ 和 HACH 以绿藻门为优势藻，且在加入不同浓度的 $CuSO_4$ 后，藻类种群结构没有发生改变，不同门类的藻类数量发生了变化。分析可知，$CuSO_4$ 对水体中藻类种群结构的影响较小，在不同浓度 $CuSO_4$ 影响下，藻类种群结构无明显差异。Padovesi-Fonseca 等研究表明，硫酸铜对铜绿微囊藻的处理是有效的，并影响了柱孢藻的种群结构，这些藻类种群在硫酸铜处理后保持低密度和毛状体的碎片状态近三周时间，施用杀藻剂会导致细胞溶解和下沉，Jones 等认为，这种杀藻剂处理对溶解蓝藻细胞是有效的。在 $CuSO_4$ 处理后，不同水体中藻类种群结构发生变化的原因可以归结为不同水体水质及外界光照的影响、水体其他生物

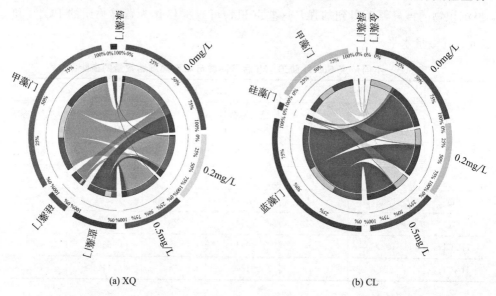

(a) XQ　　　　　　　　　　　　　(b) CL

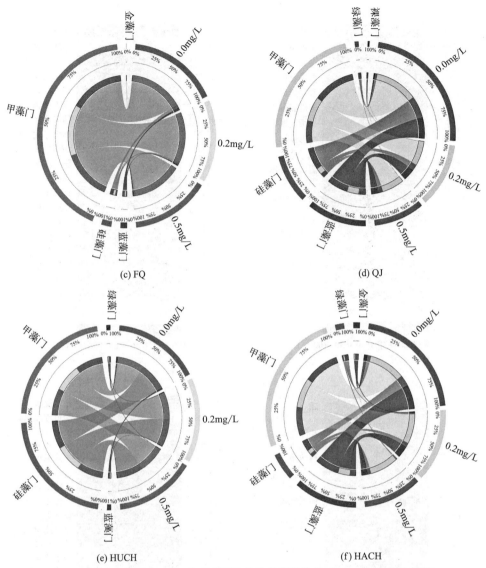

图 5.8　CuSO$_4$ 胁迫 72h 后不同湖泊藻类种群结构的 Circos 分析（门水平）

对藻类的影响和藻类之间竞争的影响等。水体水质是影响湖泊生态系统藻类群落结构的主要因素之一。当用作杀藻剂时，硫酸铜可以改变淡水湖泊水体化学性质和藻类群落。另外，藻类群落对硫酸铜的干扰具有一定的响应能力。为了进一步研究 CuSO$_4$ 胁迫 72h 后属水平的藻类群落的变化，本研究建立了系统热图（图 5.9）。总体上，不同城市湖泊的藻类群落具有明显的差异。如小球藻（*Chlorella* sp.）为 XQ、FQ、QJ、HACH 和 HUCH 的优势藻属。湖丝藻（*Limnothrix* sp.）为 CL 的优势藻属。在 FQ 湖中，小球藻占绝对优势，其占比

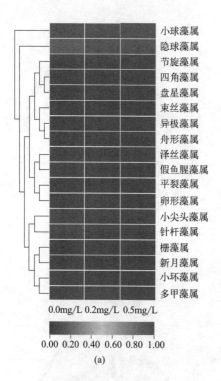

(a)

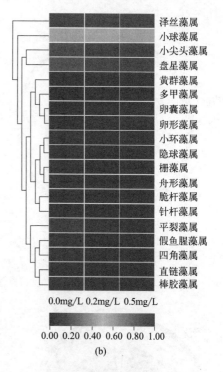

(b)

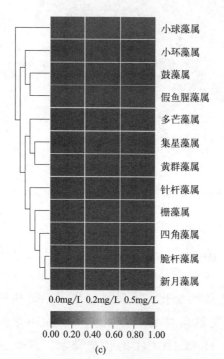

(c)

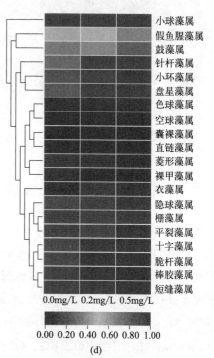

(d)

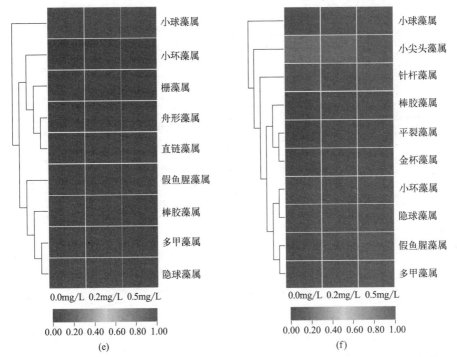

图 5.9 CuSO$_4$ 胁迫 72h 后 XQ（a）、CL（b）、FQ（c）、QJ（d）、HUCH（e）和
HACH（f）藻类种群结构的热图分析（属水平）

为 44.10%（0.0mg/L CuSO$_4$）、54.60%（0.2mg/L CuSO$_4$）、56.56%
（0.5mg/L CuSO$_4$）。优势藻属在受硫酸铜胁迫后仍是优势藻属，由于数目多，
因此影响甚微。而对于一些处于劣势的藻属，在硫酸铜胁迫后，藻数目变为 0。
如囊裸藻（*Trachelomonas* sp.）是 QJ 中处于劣势的藻属，对照组中，囊裸藻占
1.34%，在经过硫酸铜的处理后，其数目变为 0。分析可知，属水平的藻类种群
结构也无明显的差异。

5.2.4.3 剩余铜含量的分析

在不同湖泊加入 CuSO$_4$ 72h 后，对水体中铜含量的测定结果如图 5.10 所
示。结果表明，不同水体中的铜含量在经过 72h 的应用后有明显下降，且含量低
于国家地表水环境要求 V 类水体的铜含量标准（0.1mg/L）。由于铜会造成微生
物和鱼类等生物中毒而死亡，因此硫酸铜在湖泊中施用应严格筛选浓度，并做好
硫酸铜对水体生物的影响评价。

使用硫酸铜来防止藻类生长和"清洁"水体已经导致了家畜中毒，原因是蓝

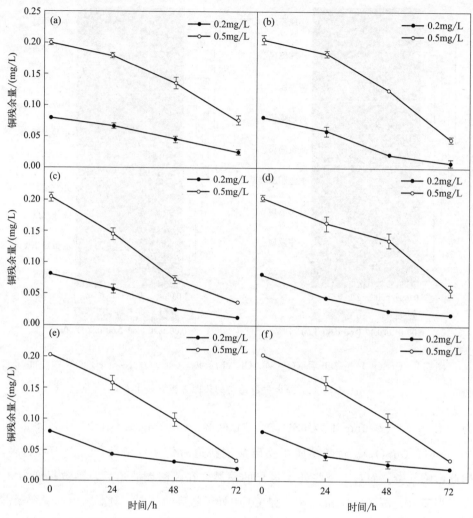

图 5.10 CuSO₄ 胁迫 72h 后 XQ (a)、CL (b)、FQ (c)、QJ (d)、HUCH (e) 和 HACH (f) 剩余铜含量的变化特征

藻毒素通过膜细胞破裂而释放。据报道，在用硫酸铜处理人类娱乐用水后，还发生了人类严重中毒病例。在美国新罕布什尔州的克扎尔湖，用硫酸铜处理了水华后，发生了大规模鱼类死亡。同样，在加拿大新斯科舍省的湖泊中，由于施用硫酸铜，已经观察到当地鱼类、浮游生物和底层动物的死亡。有研究表明，硫酸铜对硅藻、甲藻、绿藻和蓝藻是有毒的。硫酸铜抑制光合作用和细胞分裂，阻碍氮磷吸收，降低细胞内光合色素，影响质膜通透性，降低细胞活力，改变细胞内蛋白质、脂质和脂肪酸的分布，甚至导致膜细胞破裂。与其他抑藻方法相比，硫酸铜的应用被认为是一种有风险的水管理方法，它会导致膜细胞破裂，特别是蓝藻细菌，它会促进蓝

藻毒素释放到水中。幸运的是，硫酸铜在湖沼环境中倾向于沉淀，可在沉积物中固定下来。然而，即使低水平的硫酸铜或离子铜（1.0mg/L）也可以使对金属高度敏感的鱼和微生物死亡。尽管如此，硫酸铜不仅会改变水生食物网，而且还对系统施加了一种恢复力，抑制了生态系统恢复到使用杀藻剂之前的预估状态。

几个因素影响水中溶解铜的毒性。由于钙和铜在生物表面的吸收位置的竞争，铜的毒性随着水硬度的增加而降低。在一定的 pH 值和碳酸盐浓度条件下，大部分水溶铜 Cu（Ⅱ）发生络合反应，其反应活性降低。只有一小部分铜仍处于游离态，而另一部分被悬浮粒子吸附或被碳酸盐和氢氧化物络合。在水库和湖泊等水环境中，最大一部分铜仍然附着在有机化合物上，包括腐殖质和富里酸，这可能会阻碍潜在生态毒理学影响的评估。

5.2.5　小结

综上所述，CuSO$_4$ 在 6 个城市湖泊中的实际应用效果随着不同湖泊的差异性而呈现出不同的结果。

（1）通过对去除率的统计分析，不同浓度的 CuSO$_4$ 对藻类的去除率不同，CuSO$_4$ 浓度越大，去除率越大，且各个城市湖泊的藻类去除率也各有差异。

（2）对 CuSO$_4$ 胁迫 72h 后不同城市湖泊藻类种群结构的分析表明，6 个城市湖泊中鉴定出了 6 种藻类，分别属于蓝藻门、硅藻门、绿藻门、甲藻门、裸藻门和金藻门，不同城市湖泊的藻类种群结构有显著差异。

（3）对不同湖泊加入 CuSO$_4$ 72h 后，水体中铜含量的研究结果表明，不同水体中的铜含量在经过 72h 的应用后有明显下降，且含量低于国家地表水环境要求 Ⅴ 类水体的铜含量标准（0.1mg/L）。

参考文献

[1] 郭颖娜，孙卫. 蛋白质含量测定方法的比较. 河北化工，2008，31（4）：36-37.
[2] 赫慧艳. 过氧化氢抑制藻细胞生长、代谢活性和光合作用研究. 西安：西安建筑科技大学，2021.
[3] 李苏霖. 典型好氧反硝化细菌脱氮除碳的代谢机制研究. 西安：西安建筑科技大学，2021.
[4] 田雨，侯玉柱，柯润辉，等. 采用 ATP 生物发光法分析 6 株常见细菌 ATP 含量差异. 食品与发酵工业，2015，41（1）：220-224.
[5] 闫苗苗. 水源水库藻类种群时空演替的伴生菌群驱动机制研究. 西安：西安建筑科技大学，2020.
[6] Chen C，Yang Z，Kong F，et al. Growth，physiochemical and antioxidant responses of overwintering benthic cyanobacteria to hydrogen peroxide. Environmental Pollution，2016，219：649-655.

[7] Girvan M S, Campbell C D, Killham K, et al. Bacterial diversity promotes community stability and functional resilience after perturbation. Environmental Microbiology, 2005, 7 (3): 301-313.

[8] Hammes F, Goldschmidt F, Vital M, et al. Measurement and interpretation of microbial adenosine tri-phosphate (ATP) in aquatic environments. Water Research, 2010, 44 (13): 3915-3923.

[9] Hanson M J, Stefan H G. Side effects of 58 years of copper sulfate treatment of the fairmont lakes, Minnesotal. Journal of the American Water Resources Association, 1984, 20 (6): 889-900.

[10] Haughey M A, Anderson M A, Whitney R D, et al. Forms and fate of cu in a source drinking water reservoir following $CuSO_4$ treatment. Water Research, 2000, 34 (13): 3440-3452.

[11] Hullebusch E V, Deluchat V, Chazal P M, et al. Environmental iMPact of two successive chemical treatments in a small shallow eutrophied lake: Part I. Case of aluminium sulphate. Environmental Pollution, 2002, 120 (3): 617-626.

[12] Jones G J, Orr P T. Release and degradation of microcystin following algicide treatment of a *Microcystis aeruginosa* bloom in a recreational lake, as determined by HPLC and protein phosphatase inhibition assay. Water Research, 1994, 28 (4): 871-876.

[13] Nalewajko C, Prepas E E. Responses of phytoplankton photosynthesis and phosphorus kinetics to resuspended sediments in copper sulfate-treated ponds. Journal of Environmental Quality, 1996, 25 (1): 80-86.

[14] Padovesi-Fonseca C, Philomeno M G. Effects of algicide (copper sulfate) application on short-term fluctuations of phytoplankton in lake paranoá, central brazil. Brazilian Journal of Biology, 2004, 64: 819-826.

[15] Qian H, Yu S, Sun Z, et al. Effects of copper sulfate, hydrogen peroxide and *N*-phenyl-2-naphthylamine on oxidative stress and the expression of genes involved photosynthesis and microcystin disposition in *Microcystis aeruginosa*. Aquatic Toxicology, 2010, 99 (3): 405-412.

[16] Tsai K-P. Effects of two copper compounds on *microcystis aeruginosa* cell density, membrane integrity, and microcystin release. Ecotoxicology and Environmental Safety, 2015, 120: 428-435.

[17] Tsai K-P, Uzun H, Chen H, et al. Control wildfire-induced *microcystis aeruginosa* blooms by copper sulfate: Trade-offs between reducing algal organic matter and promoting disinfection byproduct formation. Water Research, 2019, 158: 227-236.

[18] Wan J, Guo P, Peng X, et al. Effect of erythromycin exposure on the growth, antioxidant system and photosynthesis of *Microcystis flos-aquae*. Journal of Hazardous Materials, 2015, 283: 778-786.

[19] Xu H, Brookes J, Hobson P, et al. IMPact of copper sulphate, potassium permanganate, and hydrogen peroxide on *Pseudanabaena galeata* cell integrity, release and degradation of 2-methylisoborneol. Water Research, 2019, 157: 64-73.

[20] Xue H, Kistler D, Sigg L. Competition of copper and zinc for strong ligands in a eutrophic lake. Limnology and Oceanography, 1995, 40 (6): 1142-1152.

[21] Zhou S, Shao Y, Gao N, et al. Effects of different algaecides on the photosynthetic capacity, cell integrity and microcystin-LR release of *microcystis aeruginosa*. Science of The Total Environment, 2013, 463-464: 111-119.